本書の特色と使い方

本書で教科書の内容ががっちり学べます

教科書の内容が十分に身につくよう，各社の教科書を徹底研究して作成しました。
学校での学習進度に合わせて，ご活用ください。予習・復習にも最適です。

本書をコピー・印刷して教科書の内容をくりかえし練習できます

計算問題などは型分けした問題をしっかり学習したあと，いろいろな型を混合して出題しているので，学校での学習をくりかえし練習できます。
学校の先生方はコピーや印刷をして使えます。（本書 P128 をご確認ください）

学ぶ楽しさが広がり勉強がすきになります

計算問題は，めいろなどを取り入れ，楽しんで学習できるよう工夫しました。
楽しく学んでいるうちに，勉強がすきになります。

「ふりかえりテスト」で力だめしができます

「練習のページ」が終わったあと，「ふりかえりテスト」をやってみましょう。
「ふりかえりテスト」でできなかったところは，もう一度「練習のページ」を復習すると，力がぐんぐんついてきます。

完全マスター編３年　目次

九九の表とかけ算（1）

名前

□1 次の九九の表《ひょう》をかんせいさせましょう。

		かける数								
		1	2	3	4	5	6	7	8	9
かけられる数	1									
	2			6						18
	3									
	4		8							
	5									
	6					30				
	7									
	8			24						
	9									

□2 ① 九九の答えが，18 になる九九を，全部《ぜんぶ》書きましょう。

（　　　）（　　　）（　　　）（　　　）

② 九九の答えが，24 になる九九を，全部書きましょう。

（　　　）（　　　）（　　　）（　　　）

③ 九九の答えが，36 になる九九を，全部書きましょう。

（　　　）（　　　）（　　　）

九九の表とかけ算（2）

かけ算のきまり

名前

□1 □の中に数字を入れましょう。

① 4 × 6 ＝ 6 × □

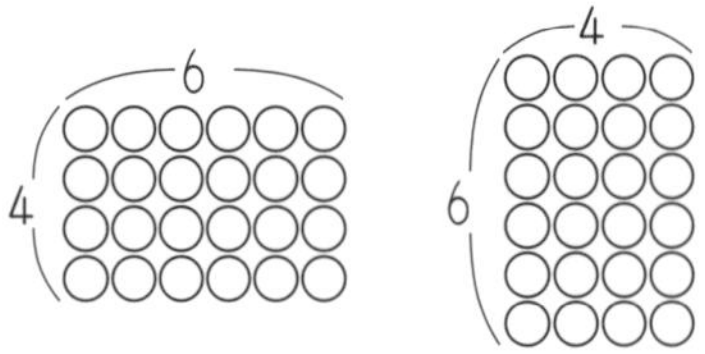

② 6 × 9 ＝ 9 × □　　③ 5 × 7 ＝ □ × 5

④ 7 × □ ＝ 4 × 7　　⑤ 3 × □ ＝ 8 × 3

□2 □の中に数字を入れましょう。

① 6 × 3 ＝ 6 × 2 ＋ □　　② 7 × 5 ＝ 7 × □ ＋7

③ 6 × 7 ＝ 6 × 6 ＋ □　　④ 4 × 7 ＝ 4 × 8 − □

⑤ 8 × 5 ＝ 8 × 4 ＋ □　　⑥ 3 × 7 ＝ 3 × 8 − □

□3 □の中に数字を入れましょう。

①

8 × 6 〈 3 × 6 ＝ □
　　　　 □ × 6 ＝ □

あわせて □

②

7 × 8 〈 7 × 5 ＝ □
　　　　 7 × □ ＝ □

あわせて □

九九の表とかけ算（3）

名前

10 のかけ算

1　どんぐりは，全部《ぜんぶ》で何こあるでしょうか。どんぐりの数をもとめる式を，２つ書きましょう。

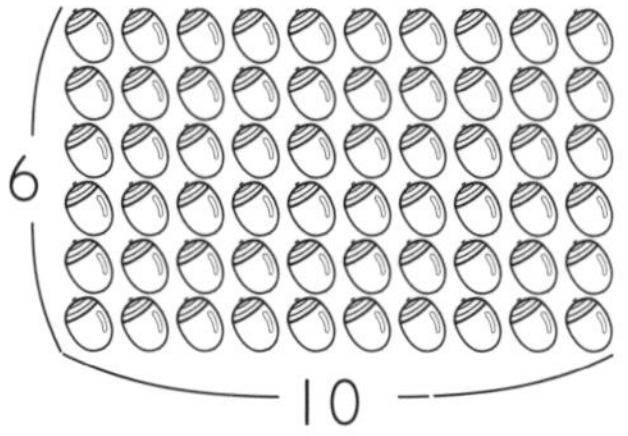

①　□ × □ ＝ □　　②　□ × □ ＝ □

2　10のかけ算をしましょう。

① 7 × 10 ＝　　② 10 × 4 ＝

③ 3 × 10 ＝　　④ 10 × 0 ＝

3　1箱《はこ》10こ入りのまんじゅうが，6箱あります。まんじゅうは，全部で何こありますか。

式

答え ______

4　花たばを7たば作ります。1たばに花を10本ずつ入れると，花は全部で何本いるでしょうか。

式

答え ______

九九の表とかけ算（4）

名前

0 のかけ算

1　おはじきで，点とりゲームをしました。とく点を調《しら》べましょう。

①　あおいさんのとく点

おはじきの点数（点）	5	3	1	0	合計
入った数（こ）	2	5	0	3	
とく点（点）					

②　たくやさんのとく点

おはじきの点数（点）	5	3	1	0	合計
入った数（こ）	3	4	3	0	
とく点（点）					

③　どちらの合計とく点が多いですか。

（　　　　　）さん

2　0のかけ算をしましょう。

① 4 × 0 ＝　　② 0 × 7 ＝

③ 7 × 0 ＝　　④ 0 × 2 ＝

⑤ 3 × 0 ＝　　⑥ 0 × 8 ＝

九九の表とかけ算（5）

名前

10 より大きい数のかけ算

● あめが，１ふくろに 15 こずつ入っています。ふくろは４ふくろあります。あめは，全部《ぜんぶ》で何こあるでしょうか。

① さくらさんの考え
（15 を７と８に分けて）

15 × 4 〈 □ × 4 = □ / □ × 4 = □

あわせて □

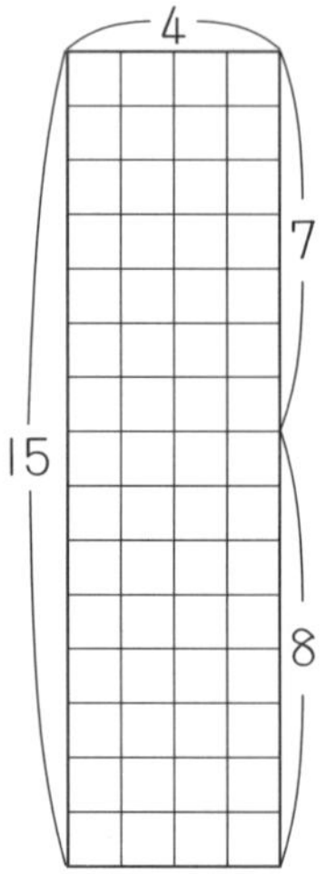

② りょうたさんの考え
（15 を 10 と５に分けて）

15 × 4 〈 □ × 4 = □ / □ × 4 = □

あわせて □

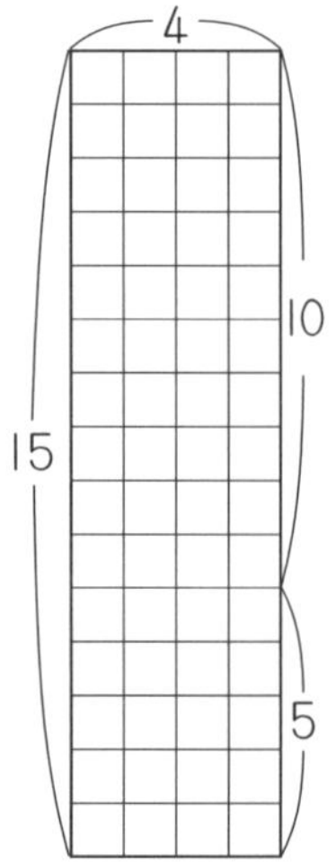

九九の表とかけ算（6）

名前

10 より大きい数のかけ算

1 絵具《えのぐ》が，１箱《はこ》に 14 本ずつ入っています。箱が６箱あると，絵具は全部《ぜんぶ》で何本あるでしょうか。

① 14 を 10 と □ に分けて

14 × 6 〈 □ × 6 = □ / □ × 6 = □

あわせて □

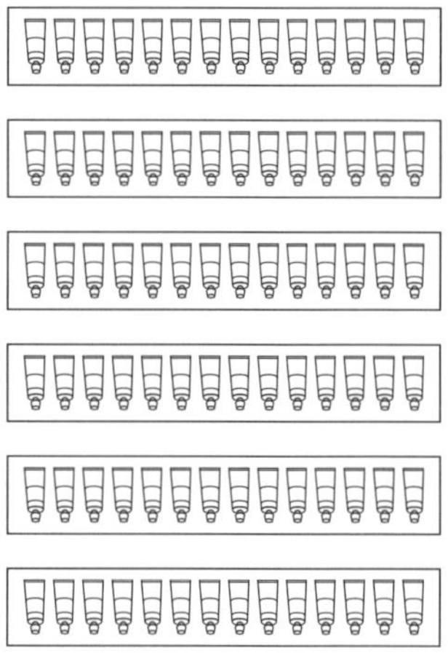

② 14 を７と □ に分けて

14 × 6 〈 □ × 6 = □ / □ × 6 = □

あわせて □

2 16 × 5 の答えを，いろいろなしかたで，もとめましょう。

①

16 × 5 〈 □ × 5 = □ / □ × 5 = □

あわせて □

②

16 × 5 〈 □ × 5 = □ / □ × 5 = □

あわせて □

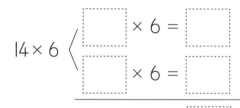

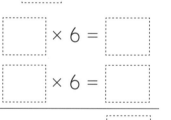

ふりかえりテスト　九九の表とかけ算

名前

1 九九表《ひょう》を見て答えましょう。

かける数

かけられる数	1	2	3	4	5	6	7	8	9
1	1	2	3	4	5	6	7	8	9
2	2	4	6	8	10	12	14	16	18
3	3	6	9	12	15	18	21	24	27
4	4	8	12	16	20	24	28	32	36
5	5	10	15	20	25	30	35	40	45
6	6	12	18	24	30	36	42	48	54
7	7	14	21	28	35	42	49	56	63
8	8	16	24	32	40	48	56	64	72
9	9	18	27	36	45	54	63	72	81

① □にあてはまる数を書きましょう。(4×3)

㋐ 7×8の答えは，7×7の答えより □ 大きくなります。

㋑ 7×8の答えは，7×9の答えより □ 小さくなります。

㋒ 7×8の答えは， □ ×7の答えと同じになります。

② 答えが18になるかけ算をすべて書きましょう。(4×4)

(　　　　　　　　　　)

2 □にあてはまる数を書きましょう。(3×6)

① 2× □ ＝12　② □ ×8＝72

③ 7×6＝7×5＋ □

④ 9×7＝9×8－ □

⑤ 8×3＝ □ ×8

⑥ □ ×2＝2×6

3 かけ算をしましょう。(3×6)

① 4×10＝　② 10×8＝

③ 10×1＝　④ 5×0＝

⑤ 2×0＝　⑥ 0×3＝

4 1こ10円のチョコレートを6こ買うといくらになりますか。(10)

式

答え

5 みかんが7ふくろに10こずつ入っています。みかんは，全《ぜん》部《ぶ》で何こでしょう。(10)

式

答え

6 □にあてはまる数を書きましょう。(2×8)

① 9×6 〈 □ ×6＝ □ ／ 4 ×6＝ □

あわせて □

② 4×13 〈 4× □ ＝ □ ／ 4× 3 ＝ □

あわせて □

時こくと時間（1）

名前

□1 次《つぎ》の時こくをもとめましょう。

① 午前 10 時 50 分から 30 分後の時こく

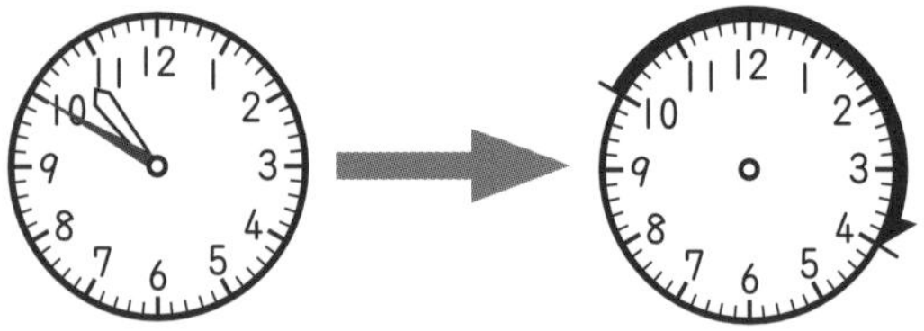

（　　　　　　）

② 午後 3 時 45 分から 45 分後の時こく

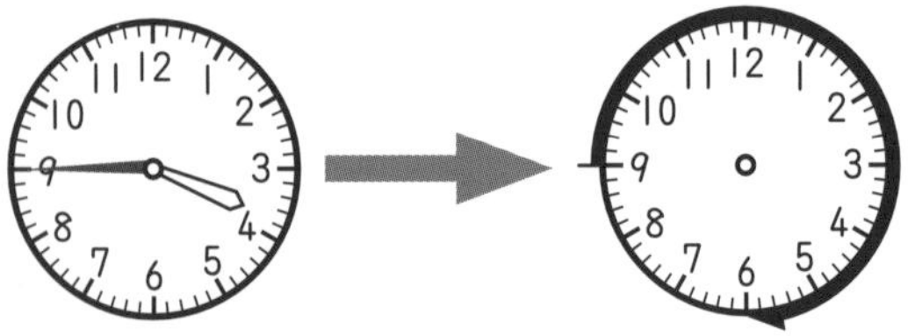

（　　　　　　）

□2 次の時こくをもとめましょう。

① 午前 8 時 5 分から 15 分前の時こく

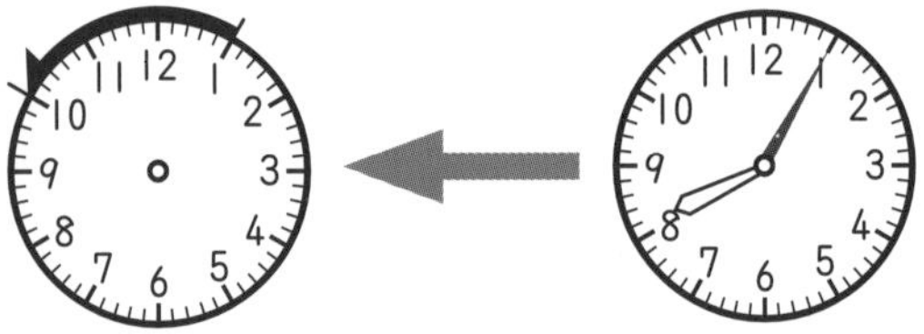

（　　　　　　）

② 午前 11 時 20 分から 50 分前の時こく

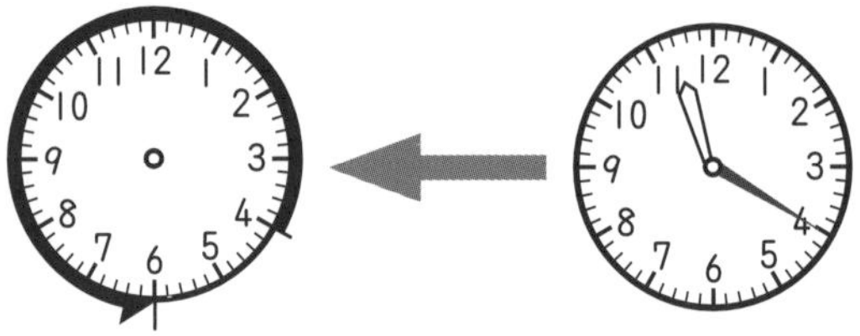

（　　　　　　）

時こくと時間（2）

名前

□1 次《つぎ》の時間をもとめましょう。

① 午前 8 時 50 分から午前 9 時 35 分までの時間

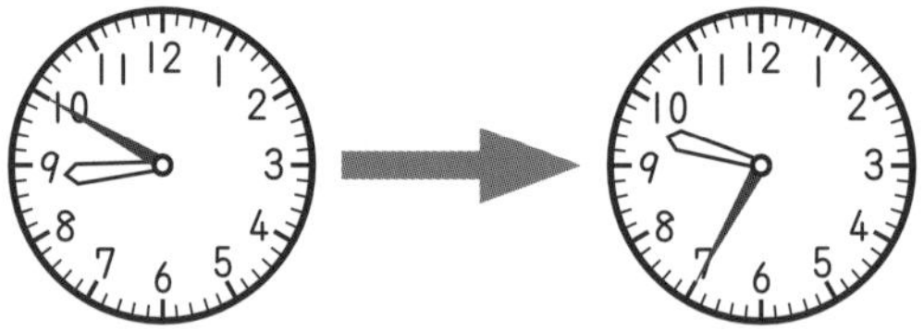

（　　　　　　）

② 午前 11 時 20 分から午後 3 時までの時間

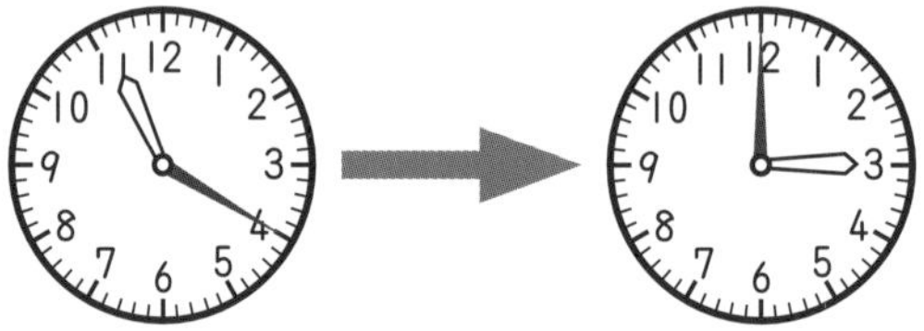

（　　　　　　）

□2 次の時間は，それぞれ何時間何分ですか。

① 40 分と 30 分をあわせた時間

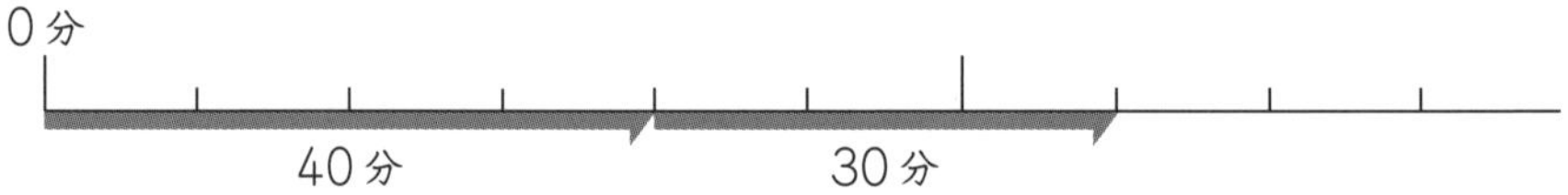

（　　　　　　）

② 1 時間 10 分と 20 分をあわせた時間

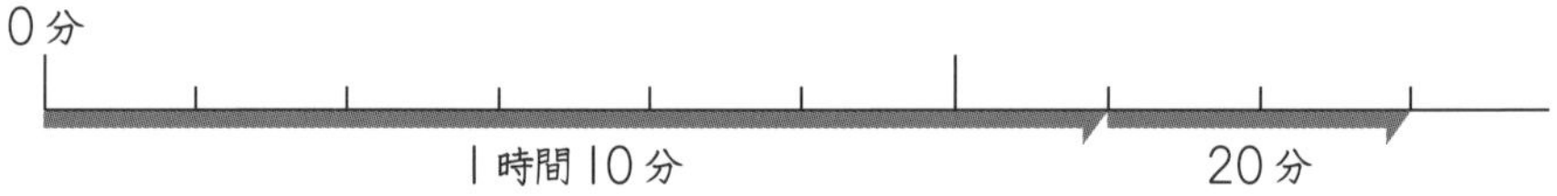

（　　　　　　）

時こくと時間（3）

名前

[1] 図書館《かん》に行って読書をしました。午後１時に読み始《はじ》め，読み終《お》わったのは，午後２時45分でした。読書をしていた時間は，何時間何分でしょうか。

答え ______________

[2] 東京を午前８時35分に出発した新幹線《しんかんせん》は，３時間で大阪《おおさか》に着きます。大阪に着くのは，何時何分でしょうか。

答え ______________

[3] 野球《やきゅう》の１しあい目は，２時間25分かかりました。２しあい目は，３時間15分かかりました。

① ２つのしあい時間をあわせると，何時間何分かかったでしょうか。

答え ______________

② ２しあい目は，１しあい目より何分長くかかったでしょうか。

答え ______________

時こくと時間（4）

名前

[1] （　）にあてはまる数を書きましょう。

① １分10秒＝（　　　）秒

② 85秒＝（　　　）分（　　　）秒

③ １時間35分＝（　　　）分

④ 90分＝（　　　）時間（　　　）分

⑤ ３分＝（　　　）秒

⑥ 97分＝（　　　）時間（　　　）分

[2] （　）にあてはまる時間のたんいを書きましょう。

① 朝ごはんを食べる時間　20（　　　）間

② プールにもぐっている時間　15（　　　）間

③ すいみん時間　８（　　　）間

④ 学校の休み時間　10（　　　）間

ふりかえりテスト　時こくと時間

名前

1　次《つぎ》の時こくや時間を□に書きましょう。(6 × 4)

① 午後１時20分の40分後の時こく

② 午前10時15分の30分前の時こく

③ 25分と30分をあわせた時間

④ 午後２時30分から午後５時までの時間

2　□にあてはまる数を書きましょう。(6 × 3)

① 4分＝□秒

② 80秒＝□分□秒

③ 99分＝□時間□分

3　短《みじか》い時間のじゅんにならべましょう。(10)

１時間・１分・90秒・100分

①	②	③	④

4　□にあてはまる時間のたんいを書きましょう。(6 × 3)

① 学校の昼休み時間　30（　　　）間

② 遠足に行った時間　5（　　　）間

③ 手をあらう時間　20（　　　）間

5　さとしさんは，毎日ピアノの練習《れんしゅう》を30分しています。(10 × 3)

①　午後４時40分からピアノの練習を始《はじ》めると，終《お》わるのは午後何時何分でしょうか。

答え

②　練習を午後６時15分に終わるには，午後何時何分に始めるとよいでしょうか。

答え

③　週に一度，ピアノの先生のところで30分練習します。先生のところへ行くには，バスで１時間30分かかります。家を午後２時に出ました。ピアノの練習が終わるのは，何時何分でしょうか。

答え

わり算 (1)

○÷2〜○÷4

名前

① 14 ÷ 2 =

② 21 ÷ 3 =

③ 12 ÷ 4 =

④ 12 ÷ 2 =

⑤ 32 ÷ 4 =

⑥ 6 ÷ 2 =

⑦ 18 ÷ 3 =

⑧ 27 ÷ 3 =

⑨ 8 ÷ 2 =

⑩ 18 ÷ 2 =

⑪ 28 ÷ 4 =

⑫ 15 ÷ 3 =

⑬ 4 ÷ 2 =

⑭ 16 ÷ 4 =

⑮ 36 ÷ 4 =

⑯ 24 ÷ 3 =

⑰ 12 ÷ 3 =

⑱ 4 ÷ 4 =

⑲ 24 ÷ 4 =

⑳ 16 ÷ 2 =

㉑ 2 ÷ 2 =

㉒ 10 ÷ 2 =

㉓ 20 ÷ 4 =

㉔ 9 ÷ 3 =

㉕ 8 ÷ 4 =

わり算 (2)

○÷5〜○÷9

名前

① 36 ÷ 9 =

② 28 ÷ 7 =

③ 54 ÷ 6 =

④ 15 ÷ 5 =

⑤ 45 ÷ 5 =

⑥ 32 ÷ 8 =

⑦ 6 ÷ 6 =

⑧ 72 ÷ 9 =

⑨ 63 ÷ 7 =

⑩ 16 ÷ 8 =

⑪ 27 ÷ 9 =

⑫ 24 ÷ 6 =

⑬ 40 ÷ 5 =

⑭ 21 ÷ 7 =

⑮ 56 ÷ 8 =

⑯ 10 ÷ 5 =

⑰ 54 ÷ 9 =

⑱ 64 ÷ 8 =

⑲ 49 ÷ 7 =

⑳ 9 ÷ 9 =

㉑ 12 ÷ 6 =

㉒ 36 ÷ 6 =

㉓ 42 ÷ 7 =

㉔ 25 ÷ 5 =

㉕ 48 ÷ 8 =

わり算（3）

名前

① 28 ÷ 4 =
② 8 ÷ 2 =
③ 56 ÷ 7 =
④ 9 ÷ 3 =
⑤ 48 ÷ 6 =
⑥ 12 ÷ 6 =
⑦ 36 ÷ 4 =
⑧ 63 ÷ 7 =
⑨ 81 ÷ 9 =
⑩ 72 ÷ 8 =
⑪ 15 ÷ 3 =
⑫ 42 ÷ 6 =
⑬ 8 ÷ 4 =
⑭ 54 ÷ 9 =
⑮ 21 ÷ 3 =
⑯ 32 ÷ 4 =
⑰ 14 ÷ 2 =
⑱ 72 ÷ 9 =
⑲ 18 ÷ 2 =
⑳ 54 ÷ 6 =
㉑ 27 ÷ 3 =
㉒ 36 ÷ 6 =
㉓ 45 ÷ 5 =
㉔ 8 ÷ 8 =
㉕ 35 ÷ 7 =
㉖ 40 ÷ 5 =
㉗ 27 ÷ 9 =
㉘ 30 ÷ 6 =
㉙ 20 ÷ 5 =
㉚ 28 ÷ 7 =

めいろは，答えの大きい方をとおりましょう。とおった方の答えを下の□に書きましょう。

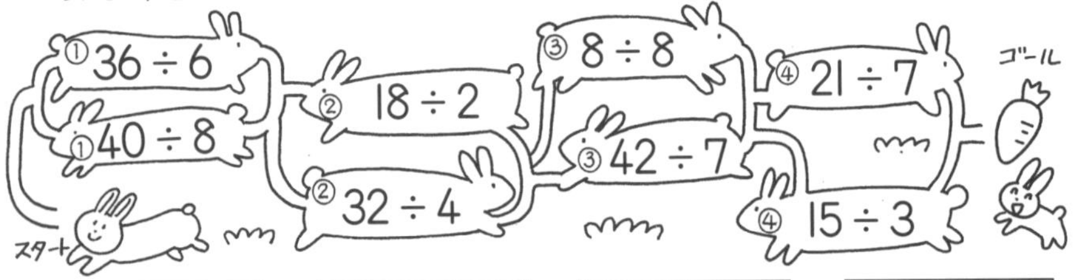

① □ ② □ ③ □ ④ □

わり算（4）

名前

① 40 ÷ 8 =
② 24 ÷ 6 =
③ 14 ÷ 7 =
④ 15 ÷ 5 =
⑤ 21 ÷ 7 =
⑥ 48 ÷ 8 =
⑦ 36 ÷ 9 =
⑧ 7 ÷ 7 =
⑨ 63 ÷ 9 =
⑩ 45 ÷ 9 =
⑪ 42 ÷ 7 =
⑫ 10 ÷ 2 =
⑬ 16 ÷ 2 =
⑭ 18 ÷ 9 =
⑮ 30 ÷ 5 =
⑯ 35 ÷ 5 =
⑰ 32 ÷ 8 =
⑱ 24 ÷ 4 =
⑲ 18 ÷ 3 =
⑳ 24 ÷ 8 =
㉑ 56 ÷ 8 =
㉒ 12 ÷ 4 =
㉓ 16 ÷ 8 =
㉔ 12 ÷ 2 =
㉕ 10 ÷ 5 =
㉖ 49 ÷ 7 =
㉗ 24 ÷ 3 =
㉘ 18 ÷ 6 =
㉙ 25 ÷ 5 =
㉚ 64 ÷ 8 =

めいろは，答えの大きい方をとおりましょう。とおった方の答えを下の□に書きましょう。

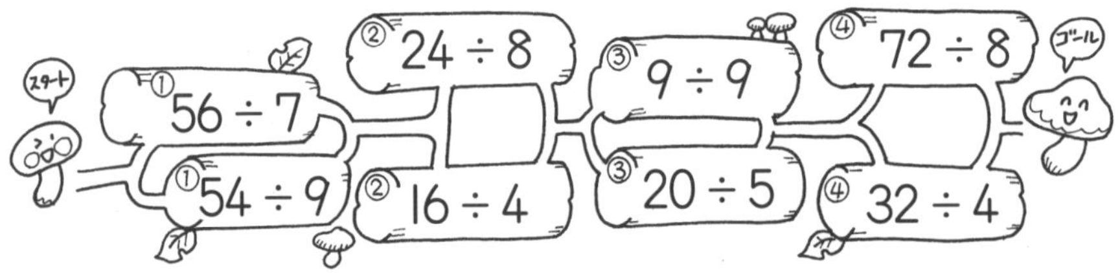

① □ ② □ ③ □ ④ □

わり算（5）

名前

① 12 ÷ 6 =

② 18 ÷ 6 =

③ 32 ÷ 4 =

④ 42 ÷ 6 =

⑤ 14 ÷ 2 =

⑥ 48 ÷ 6 =

⑦ 9 ÷ 1 =

⑧ 64 ÷ 8 =

⑨ 28 ÷ 4 =

⑩ 10 ÷ 2 =

⑪ 3 ÷ 1 =

⑫ 7 ÷ 1 =

⑬ 54 ÷ 6 =

⑭ 8 ÷ 8 =

⑮ 63 ÷ 7 =

⑯ 15 ÷ 3 =

⑰ 24 ÷ 8 =

⑱ 20 ÷ 5 =

⑲ 42 ÷ 7 =

⑳ 14 ÷ 7 =

㉑ 21 ÷ 3 =

㉒ 54 ÷ 9 =

㉓ 36 ÷ 9 =

㉔ 9 ÷ 3 =

㉕ 10 ÷ 5 =

㉖ 6 ÷ 2 =

㉗ 49 ÷ 7 =

㉘ 35 ÷ 5 =

㉙ 35 ÷ 7 =

㉚ 8 ÷ 4 =

めいろは，答えの大きい方をとおりましょう。とおった方の答えを下の□に書きましょう。

① □　② □　③ □　④ □

わり算（6）

名前

① 45 ÷ 5 =

② 24 ÷ 4 =

③ 30 ÷ 6 =

④ 36 ÷ 4 =

⑤ 20 ÷ 4 =

⑥ 24 ÷ 3 =

⑦ 16 ÷ 8 =

⑧ 6 ÷ 3 =

⑨ 30 ÷ 5 =

⑩ 28 ÷ 7 =

⑪ 32 ÷ 8 =

⑫ 12 ÷ 3 =

⑬ 16 ÷ 2 =

⑭ 72 ÷ 9 =

⑮ 21 ÷ 7 =

⑯ 27 ÷ 9 =

⑰ 27 ÷ 3 =

⑱ 18 ÷ 9 =

⑲ 56 ÷ 8 =

⑳ 15 ÷ 5 =

㉑ 40 ÷ 8 =

㉒ 63 ÷ 9 =

㉓ 18 ÷ 2 =

㉔ 81 ÷ 9 =

㉕ 25 ÷ 5 =

㉖ 56 ÷ 7 =

㉗ 40 ÷ 5 =

㉘ 16 ÷ 4 =

㉙ 12 ÷ 4 =

㉚ 18 ÷ 3 =

めいろは，答えの大きい方をとおりましょう。とおった方の答えを下の□に書きましょう。

① □　② □　③ □　④ □

わり算 (7)

名前

① $72 \div 8 =$

② $36 \div 4 =$

③ $16 \div 2 =$

④ $12 \div 4 =$

⑤ $63 \div 7 =$

⑥ $25 \div 5 =$

⑦ $16 \div 4 =$

⑧ $14 \div 7 =$

⑨ $64 \div 8 =$

⑩ $48 \div 8 =$

⑪ $35 \div 5 =$

⑫ $56 \div 7 =$

⑬ $24 \div 8 =$

⑭ $56 \div 8 =$

⑮ $63 \div 9 =$

⑯ $36 \div 9 =$

⑰ $54 \div 6 =$

⑱ $4 \div 2 =$

⑲ $18 \div 9 =$

⑳ $30 \div 6 =$

㉑ $30 \div 5 =$

㉒ $40 \div 5 =$

㉓ $14 \div 2 =$

㉔ $28 \div 4 =$

㉕ $27 \div 3 =$

㉖ $24 \div 6 =$

㉗ $54 \div 9 =$

㉘ $35 \div 7 =$

㉙ $45 \div 5 =$

㉚ $21 \div 3 =$

めいろは，答えの大きい方をとおりましょう。とおった方の答えを下の□に書きましょう。

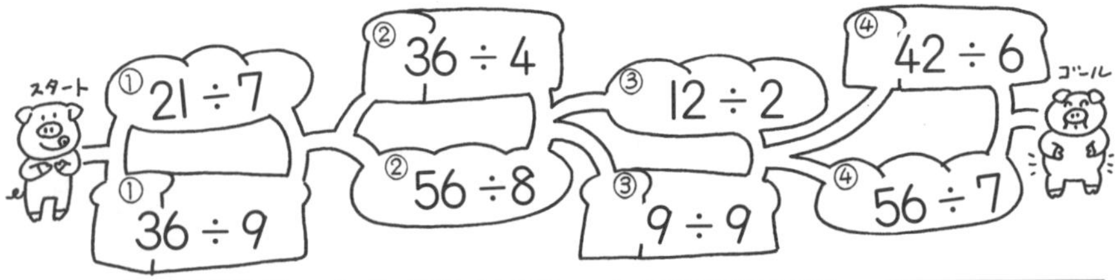

① □　② □　③ □　④ □

わり算 (8)

名前

① $12 \div 3 =$

② $18 \div 2 =$

③ $10 \div 2 =$

④ $72 \div 9 =$

⑤ $7 \div 1 =$

⑥ $15 \div 5 =$

⑦ $9 \div 3 =$

⑧ $16 \div 8 =$

⑨ $24 \div 3 =$

⑩ $12 \div 2 =$

⑪ $20 \div 4 =$

⑫ $42 \div 7 =$

⑬ $45 \div 9 =$

⑭ $18 \div 3 =$

⑮ $32 \div 8 =$

⑯ $18 \div 6 =$

⑰ $48 \div 6 =$

⑱ $24 \div 4 =$

⑲ $81 \div 9 =$

⑳ $36 \div 6 =$

㉑ $40 \div 8 =$

㉒ $32 \div 4 =$

㉓ $27 \div 9 =$

㉔ $8 \div 2 =$

㉕ $20 \div 5 =$

㉖ $12 \div 6 =$

㉗ $42 \div 6 =$

㉘ $21 \div 7 =$

㉙ $49 \div 7 =$

㉚ $15 \div 3 =$

めいろは，答えの大きい方をとおりましょう。とおった方の答えを下の□に書きましょう。

① □　② □　③ □　④ □

わり算（9）

名前

① 18 ÷ 9 =

② 42 ÷ 6 =

③ 40 ÷ 8 =

④ 12 ÷ 3 =

⑤ 30 ÷ 6 =

⑥ 49 ÷ 7 =

⑦ 72 ÷ 9 =

⑧ 25 ÷ 5 =

⑨ 63 ÷ 7 =

⑩ 36 ÷ 9 =

⑪ 15 ÷ 5 =

⑫ 24 ÷ 3 =

⑬ 18 ÷ 6 =

⑭ 54 ÷ 9 =

⑮ 42 ÷ 7 =

⑯ 36 ÷ 4 =

⑰ 24 ÷ 6 =

⑱ 45 ÷ 9 =

⑲ 12 ÷ 4 =

⑳ 54 ÷ 6 =

㉑ 9 ÷ 3 =

㉒ 27 ÷ 3 =

㉓ 40 ÷ 5 =

㉔ 24 ÷ 8 =

㉕ 16 ÷ 2 =

㉖ 45 ÷ 5 =

㉗ 72 ÷ 8 =

㉘ 32 ÷ 4 =

㉙ 14 ÷ 2 =

㉚ 20 ÷ 5 =

めいろは，答えの大きい方をとおりましょう。とおった方の答えを下の□に書きましょう。

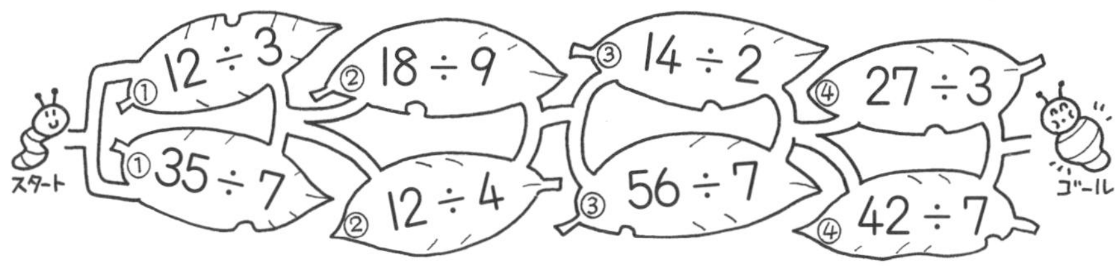

① ② ③ ④

わり算（10）

名前

① 24 ÷ 4 =

② 18 ÷ 2 =

③ 21 ÷ 3 =

④ 56 ÷ 8 =

⑤ 18 ÷ 3 =

⑥ 36 ÷ 6 =

⑦ 6 ÷ 3 =

⑧ 10 ÷ 5 =

⑨ 16 ÷ 4 =

⑩ 35 ÷ 5 =

⑪ 32 ÷ 8 =

⑫ 20 ÷ 4 =

⑬ 48 ÷ 8 =

⑭ 63 ÷ 9 =

⑮ 30 ÷ 5 =

⑯ 81 ÷ 9 =

⑰ 48 ÷ 6 =

⑱ 5 ÷ 1 =

⑲ 64 ÷ 8 =

⑳ 14 ÷ 7 =

㉑ 72 ÷ 9 =

㉒ 35 ÷ 7 =

㉓ 9 ÷ 1 =

㉔ 12 ÷ 6 =

㉕ 27 ÷ 9 =

㉖ 28 ÷ 7 =

㉗ 21 ÷ 7 =

㉘ 10 ÷ 2 =

㉙ 16 ÷ 8 =

㉚ 15 ÷ 3 =

めいろは，答えの大きい方をとおりましょう。とおった方の答えを下の□に書きましょう。

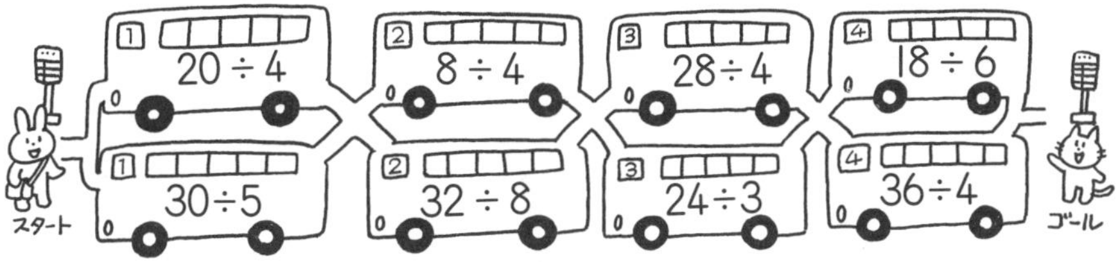

① ② ③ ④

わり算（11）

名前 ____________________

① 21 ÷ 3 =

② 48 ÷ 8 =

③ 42 ÷ 7 =

④ 36 ÷ 6 =

⑤ 12 ÷ 4 =

⑥ 24 ÷ 6 =

⑦ 4 ÷ 4 =

⑧ 10 ÷ 5 =

⑨ 28 ÷ 4 =

⑩ 63 ÷ 7 =

⑪ 72 ÷ 9 =

⑫ 1 ÷ 1 =

⑬ 45 ÷ 5 =

⑭ 64 ÷ 8 =

⑮ 27 ÷ 3 =

⑯ 49 ÷ 7 =

⑰ 16 ÷ 2 =

⑱ 16 ÷ 8 =

⑲ 42 ÷ 6 =

⑳ 63 ÷ 9 =

㉑ 3 ÷ 3 =

㉒ 8 ÷ 1 =

㉓ 18 ÷ 6 =

㉔ 8 ÷ 4 =

㉕ 21 ÷ 7 =

㉖ 9 ÷ 1 =

㉗ 81 ÷ 9 =

㉘ 56 ÷ 7 =

㉙ 18 ÷ 9 =

㉚ 72 ÷ 8 =

㉛ 18 ÷ 2 =

㉜ 35 ÷ 7 =

㉝ 14 ÷ 2 =

㉞ 12 ÷ 6 =

㉟ 9 ÷ 9 =

㊱ 36 ÷ 9 =

㊲ 4 ÷ 2 =

㊳ 54 ÷ 9 =

㊴ 7 ÷ 1 =

㊵ 30 ÷ 6 =

㊶ 5 ÷ 5 =

㊷ 28 ÷ 7 =

㊸ 36 ÷ 4 =

㊹ 2 ÷ 2 =

㊺ 54 ÷ 6 =

㊻ 2 ÷ 1 =

㊼ 40 ÷ 5 =

㊽ 10 ÷ 2 =

㊾ 56 ÷ 8 =

㊿ 24 ÷ 3 =

わり算（12）

名前 ____________________

① 15 ÷ 5 =

② 8 ÷ 2 =

③ 6 ÷ 3 =

④ 30 ÷ 5 =

⑤ 40 ÷ 8 =

⑥ 15 ÷ 3 =

⑦ 40 ÷ 5 =

⑧ 3 ÷ 1 =

⑨ 35 ÷ 7 =

⑩ 9 ÷ 3 =

⑪ 36 ÷ 9 =

⑫ 7 ÷ 7 =

⑬ 8 ÷ 8 =

⑭ 35 ÷ 5 =

⑮ 45 ÷ 9 =

⑯ 18 ÷ 3 =

⑰ 12 ÷ 3 =

⑱ 6 ÷ 2 =

⑲ 32 ÷ 8 =

⑳ 20 ÷ 4 =

㉑ 32 ÷ 4 =

㉒ 48 ÷ 6 =

㉓ 12 ÷ 2 =

㉔ 24 ÷ 8 =

㉕ 64 ÷ 8 =

㉖ 25 ÷ 5 =

㉗ 27 ÷ 9 =

㉘ 24 ÷ 4 =

㉙ 4 ÷ 1 =

㉚ 16 ÷ 4 =

㉛ 20 ÷ 5 =

㉜ 54 ÷ 9 =

㉝ 6 ÷ 6 =

㉞ 16 ÷ 8 =

㉟ 24 ÷ 6 =

㊱ 14 ÷ 7 =

めいろは，答えの大きい方をとおりましょう。とおった方の答えを下の□に書きましょう。

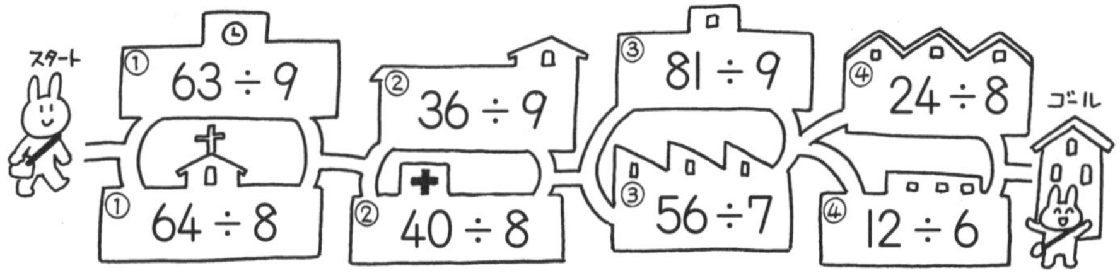

① □　② □　③ □　④ □

わり算（13）

81 問 全ての型

名前

(1) 24 ÷ 3 =
(2) 18 ÷ 9 =
(3) 1 ÷ 1 =
(4) 8 ÷ 1 =
(5) 16 ÷ 8 =
(6) 15 ÷ 3 =
(7) 15 ÷ 5 =
(8) 3 ÷ 3 =
(9) 6 ÷ 6 =
(10) 48 ÷ 8 =
(11) 32 ÷ 8 =
(12) 30 ÷ 5 =
(13) 27 ÷ 3 =
(14) 27 ÷ 9 =
(15) 2 ÷ 1 =
(16) 4 ÷ 1 =
(17) 63 ÷ 7 =
(18) 6 ÷ 3 =
(19) 8 ÷ 8 =
(20) 12 ÷ 3 =
(21) 10 ÷ 5 =
(22) 25 ÷ 5 =
(23) 48 ÷ 6 =
(24) 4 ÷ 2 =
(25) 42 ÷ 6 =
(26) 36 ÷ 6 =
(27) 8 ÷ 2 =
(28) 63 ÷ 9 =
(29) 10 ÷ 2 =
(30) 18 ÷ 6 =
(31) 21 ÷ 7 =
(32) 14 ÷ 7 =
(33) 6 ÷ 2 =
(34) 56 ÷ 8 =
(35) 18 ÷ 3 =
(36) 42 ÷ 7 =
(37) 32 ÷ 4 =
(38) 9 ÷ 9 =
(39) 35 ÷ 5 =
(40) 12 ÷ 4 =
(41) 5 ÷ 1 =
(42) 24 ÷ 4 =
(43) 3 ÷ 1 =
(44) 16 ÷ 4 =
(45) 54 ÷ 9 =
(46) 14 ÷ 2 =
(47) 4 ÷ 4 =
(48) 40 ÷ 5 =
(49) 28 ÷ 7 =
(50) 7 ÷ 7 =
(51) 36 ÷ 9 =
(52) 7 ÷ 1 =
(53) 12 ÷ 6 =
(54) 8 ÷ 4 =
(55) 45 ÷ 5 =
(56) 20 ÷ 4 =
(57) 20 ÷ 5 =
(58) 54 ÷ 6 =
(59) 9 ÷ 1 =
(60) 24 ÷ 8 =
(61) 2 ÷ 2 =
(62) 72 ÷ 9 =
(63) 6 ÷ 1 =
(64) 28 ÷ 4 =
(65) 45 ÷ 9 =
(66) 16 ÷ 2 =
(67) 40 ÷ 8 =
(68) 24 ÷ 6 =
(69) 5 ÷ 5 =
(70) 64 ÷ 8 =
(71) 36 ÷ 4 =
(72) 72 ÷ 9 =
(73) 9 ÷ 3 =
(74) 81 ÷ 9 =
(75) 56 ÷ 7 =
(76) 49 ÷ 7 =
(77) 12 ÷ 2 =
(78) 72 ÷ 8 =
(79) 21 ÷ 3 =
(80) 35 ÷ 7 =
(81) 18 ÷ 2 =

わり算（14）

めいろ

名前

● 答えが 4 か 8 になるところを通って，ゴールまで行きましょう。

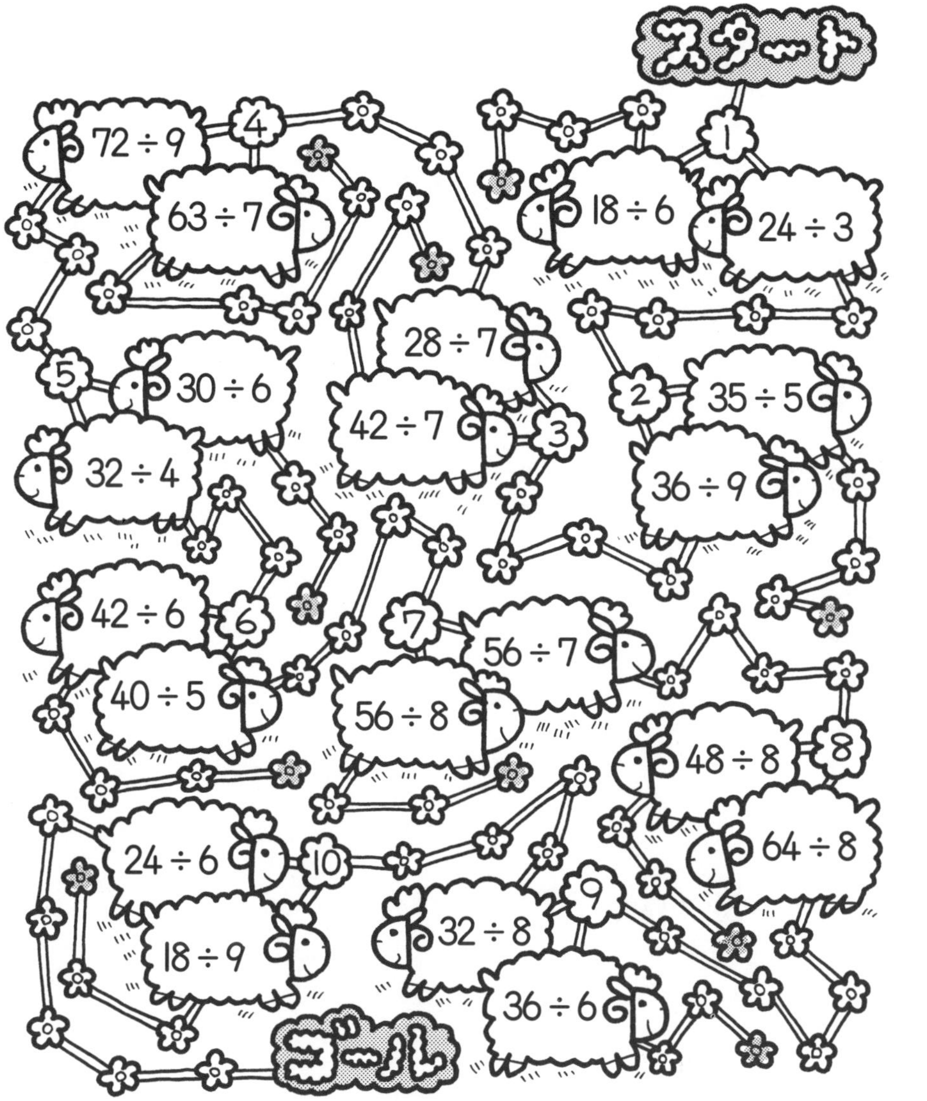

わり算（15）

文章題①

名前 ________________

□1 ケーキが 30 こあります。5 さらに同じ数ずつ分けると，1 さらのケーキは何こになるでしょうか。

式

答え ________________

□2 池のメダカを，18 ぴきとりました。水そうに 6 ぴきずつ入れると，6 ぴき入った水そうは何こできるでしょうか。

式

答え ________________

□3 キャラメルが 48 こあります。1 箱《はこ》に 8 こずつ入っています。キャラメルの箱は何こありますか。

式

答え ________________

□4 子どもが 32 人います。1 グループを 8 人ずつに分けると，何グループできるでしょうか。

式

答え ________________

わり算（16）

文章題②

名前 ________________

□1 8L のお茶を，2L 入るペットボトルに分けて入れます。2L のお茶の入ったペットボトルは何本できるでしょうか。

式

答え ________________

□2 45 まいのシールを，9 人に同じ数ずつ分けると，1 人分は何まいになるでしょうか。

式

答え ________________

□3 42m のテープを，6 人で同じ長さに分けます。1 人分は，何 m になるでしょうか。

式

答え ________________

□4 36 ÷ 9 の式になる問題《もんだい》を作って問題をときましょう。

式

答え ________________

わり算（17）

大きい数のわり算①

名前

① 24 ÷ 2 =

② 33 ÷ 3 =

③ 84 ÷ 4 =

④ 42 ÷ 2 =

⑤ 80 ÷ 2 =

⑥ 69 ÷ 3 =

⑦ 60 ÷ 2 =

⑧ 99 ÷ 9 =

⑨ 66 ÷ 2 =

⑩ 60 ÷ 6 =

① 40 ÷ 2 =

② 86 ÷ 2 =

③ 88 ÷ 8 =

④ 48 ÷ 2 =

⑤ 60 ÷ 3 =

⑥ 55 ÷ 5 =

⑦ 30 ÷ 3 =

⑧ 22 ÷ 2 =

⑨ 68 ÷ 2 =

⑩ 80 ÷ 4 =

わり算（18）

大きい数のわり算②

名前

① 64 ÷ 2 =

② 39 ÷ 3 =

③ 48 ÷ 4 =

④ 28 ÷ 2 =

⑤ 88 ÷ 4 =

⑥ 40 ÷ 4 =

⑦ 82 ÷ 2 =

⑧ 66 ÷ 3 =

⑨ 46 ÷ 2 =

⑩ 66 ÷ 6 =

① 77 ÷ 7 =

② 62 ÷ 2 =

③ 63 ÷ 3 =

④ 84 ÷ 2 =

⑤ 44 ÷ 4 =

⑥ 26 ÷ 2 =

⑦ 88 ÷ 2 =

⑧ 50 ÷ 5 =

⑨ 44 ÷ 2 =

⑩ 36 ÷ 3 =

ふりかえりテスト わり算

名前

1 計算しましょう。(1×81)

① 4 ÷ 4 =
② 28 ÷ 7 =
③ 27 ÷ 9 =
④ 8 ÷ 8 =
⑤ 7 ÷ 1 =
⑥ 12 ÷ 6 =
⑦ 5 ÷ 5 =
⑧ 21 ÷ 7 =
⑨ 48 ÷ 8 =
⑩ 4 ÷ 2 =
⑪ 42 ÷ 6 =
⑫ 36 ÷ 9 =
⑬ 9 ÷ 3 =
⑭ 1 ÷ 1 =
⑮ 54 ÷ 6 =
⑯ 8 ÷ 2 =
⑰ 15 ÷ 3 =
⑱ 49 ÷ 7 =
⑲ 30 ÷ 5 =
⑳ 36 ÷ 4 =
㉑ 9 ÷ 1 =
㉒ 18 ÷ 2 =
㉓ 3 ÷ 3 =
㉔ 72 ÷ 8 =
㉕ 9 ÷ 9 =
㉖ 8 ÷ 4 =
㉗ 6 ÷ 6 =
㉘ 5 ÷ 1 =
㉙ 35 ÷ 7 =
㉚ 18 ÷ 9 =
㉛ 12 ÷ 4 =
㉜ 64 ÷ 8 =
㉝ 6 ÷ 2 =
㉞ 42 ÷ 7 =
㉟ 6 ÷ 1 =
㊱ 45 ÷ 5 =
㊲ 48 ÷ 6 =
㊳ 12 ÷ 3 =
㊴ 10 ÷ 2 =
㊵ 56 ÷ 8 =
㊶ 35 ÷ 5 =
㊷ 16 ÷ 4 =
㊸ 81 ÷ 9 =
㊹ 24 ÷ 6 =
㊺ 15 ÷ 5 =
㊻ 8 ÷ 1 =
㊼ 24 ÷ 3 =
㊽ 14 ÷ 2 =
㊾ 30 ÷ 6 =
㊿ 28 ÷ 4 =
(51) 24 ÷ 8 =
(52) 21 ÷ 3 =
(53) 54 ÷ 9 =
(54) 20 ÷ 5 =
(55) 3 ÷ 1 =
(56) 63 ÷ 7 =
(57) 12 ÷ 2 =
(58) 63 ÷ 9 =
(59) 24 ÷ 4 =
(60) 45 ÷ 9 =
(61) 56 ÷ 7 =
(62) 32 ÷ 8 =
(63) 20 ÷ 4 =
(64) 27 ÷ 3 =
(65) 72 ÷ 9 =
(66) 18 ÷ 6 =
(67) 10 ÷ 5 =
(68) 16 ÷ 2 =
(69) 16 ÷ 8 =
(70) 4 ÷ 1 =
(71) 40 ÷ 8 =
(72) 2 ÷ 2 =
(73) 36 ÷ 6 =
(74) 6 ÷ 3 =
(75) 7 ÷ 7 =
(76) 32 ÷ 4 =
(77) 18 ÷ 3 =
(78) 14 ÷ 7 =
(79) 2 ÷ 1 =
(80) 40 ÷ 5 =
(81) 25 ÷ 5 =

2 お金が72円あります。1まい8円の色紙を，何まい買うことができるでしょうか。(4)

式

答え

3 魚を32ひきつりました。8人で同じ数ずつ分けると，1人分は何びきになるでしょうか。(5)

式

答え

4 だんごを12こ作りました。家族《かぞく》3人で同じ数ずつ食べると，1人何こ食べられるでしょうか。(5)

式

答え

5 宿題《しゅくだい》ドリルが，64ページあります。1日に8ページずつすると，何日で終《お》わるでしょうか。(5)

式

答え

たし算とひき算の筆算（1）

名前

たし算　くり上がりなし

① 151 + 324

② 455 + 423

③ 138 + 61

④ 303 + 74

⑤ 250 + 538

⑥ 100 + 169

⑦ 142 + 625

⑧ 268 + 730

⑨ 125 + 264

⑩ 305 + 504

⑪ 234 + 153

⑫ 185 + 302

⑬ 257 + 632

⑭ 352 + 216

⑮ 242 + 337

⑯ 122 + 456

たし算とひき算の筆算（2）

名前

たし算　くり上がり１回

① 315 + 268　② 148 + 544　③ 254 + 118　④ 108 + 263

⑤ 507 + 68　⑥ 383 + 45　⑦ 225 + 66　⑧ 328 + 146

⑨ 166 + 351　⑩ 119 + 762　⑪ 118 + 672　⑫ 253 + 184

めいろは，答えの大きい方をとおりましょう。とおった方の答えを下の□に書きましょう。

①　□　②　□　③　□

たし算とひき算の筆算（3）

名前

たし算　くり上がり２回

① $\begin{array}{r} 378 \\ +427 \\ \hline \end{array}$

② $\begin{array}{r} 397 \\ +215 \\ \hline \end{array}$

③ $\begin{array}{r} 258 \\ +563 \\ \hline \end{array}$

④ $\begin{array}{r} 188 \\ +326 \\ \hline \end{array}$

⑤ $\begin{array}{r} 186 \\ +718 \\ \hline \end{array}$

⑥ $\begin{array}{r} 824 \\ +98 \\ \hline \end{array}$

⑦ $\begin{array}{r} 255 \\ +147 \\ \hline \end{array}$

⑧ $\begin{array}{r} 277 \\ +434 \\ \hline \end{array}$

⑨ $\begin{array}{r} 361 \\ +99 \\ \hline \end{array}$

⑩ $\begin{array}{r} 177 \\ +436 \\ \hline \end{array}$

⑪ $\begin{array}{r} 187 \\ +325 \\ \hline \end{array}$

⑫ $\begin{array}{r} 258 \\ +264 \\ \hline \end{array}$

⑬ $\begin{array}{r} 168 \\ +453 \\ \hline \end{array}$

⑭ $\begin{array}{r} 195 \\ +626 \\ \hline \end{array}$

⑮ $\begin{array}{r} 197 \\ +195 \\ \hline \end{array}$

⑯ $\begin{array}{r} 202 \\ +98 \\ \hline \end{array}$

たし算とひき算の筆算（4）

名前

たし算　くり上がり２回

① 212+198　② 177+465　③ 295+328　④ 368+454

⑤ 348+175　⑥ 352+269　⑦ 278+456　⑧ 729+185

⑨ 184+256　⑩ 285+486　⑪ 249+182　⑫ 197+326

めいろは，答えの大きい方をとおりましょう。とおった方の答えを下の□に書きましょう。

①□　②□　③□

たし算とひき算の筆算（5）

名前

4けたになるたし算

①	②	③	④
456	580	943	725
＋783	＋426	＋848	＋672

⑤	⑥	⑦	⑧
187	888	362	295
＋906	＋436	＋871	＋726

⑨	⑩	⑪	⑫
958	796	345	854
＋326	＋258	＋672	＋437

⑬	⑭	⑮	⑯
377	956	416	508
＋848	＋484	＋672	＋543

たし算とひき算の筆算（6）

名前

いろいろな型のたし算

① 363 + 278　② 288 + 173　③ 355 + 428　④ 239 + 746

⑤ 489 + 77　⑥ 218 + 635　⑦ 253 + 384　⑧ 115 + 572

⑨ 894 + 538　⑩ 888 + 999　⑪ 974 + 643　⑫ 789 + 269

めいろは，答えの大きい方をとおりましょう。とおった方の答えを下の□に書きましょう。

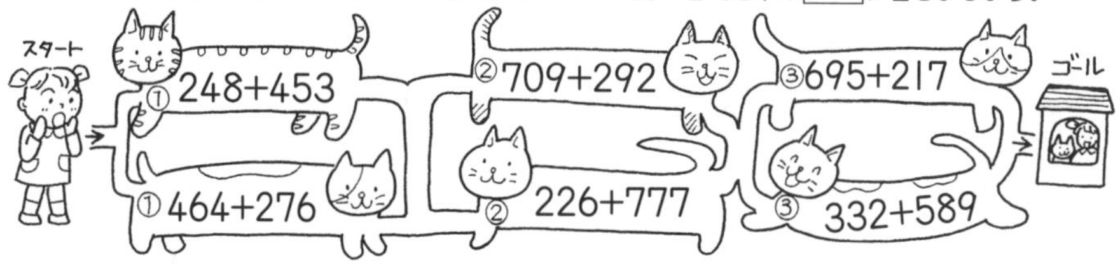

①　　②　　③

たし算とひき算の筆算（7）

名前

ひき算　くり下がりなし

① 864 − 502

② 266 − 125

③ 756 − 515

④ 375 − 243

⑤ 196 − 142

⑥ 578 − 252

⑦ 835 − 532

⑧ 738 − 610

⑨ 147 − 125

⑩ 486 − 182

⑪ 354 − 120

⑫ 538 − 305

⑬ 638 − 422

⑭ 594 − 314

⑮ 267 − 135

⑯ 439 − 207

たし算とひき算の筆算（8）

名前

ひき算　くり下がりなし

① 630−400

② 386−150

③ 528−220

④ 457−115

⑤ 678−356

⑥ 357−334

⑦ 736−521

⑧ 859−725

⑨ 247−135

⑩ 461−260

⑪ 813−410

⑫ 123−111

めいろは，答えの大きい方をとおりましょう。とおった方の答えを下の□に書きましょう。

① □　② □　③ □

たし算とひき算の筆算（9）

名前

ひき算　くり下がり１回

①
	6	4	2
−	2	5	0

②
	3	4	8
−	1	1	9

③
	1	2	6
−		8	3

④
	2	0	0
−	1	6	0

⑤
	7	2	6
−	5	4	3

⑥
	2	3	7
−	1	8	4

⑦
	5	0	4
−	3	6	1

⑧
	8	3	8
−	2	9	3

⑨
	4	1	6
−	2	8	5

⑩
	3	8	0
−	2	5	4

⑪
	5	4	6
−	1	8	2

⑫
	2	0	8
−	1	7	0

⑬
	9	1	8
−	5	0	9

⑭
	3	4	3
−		9	2

⑮
	6	3	1
−	2	1	8

⑯
	5	2	3
−	3	1	7

たし算とひき算の筆算（10）

名前

ひき算　くり下がり１回

① 246−185　② 259−164　③ 426−154　④ 631−318

⑤ 537−408　⑥ 336−208　⑦ 800−220　⑧ 179−80

⑨ 462−354　⑩ 711−540　⑪ 306−212　⑫ 982−357

めいろは，答えの大きい方をとおりましょう。とおった方の答えを下の□に書きましょう。

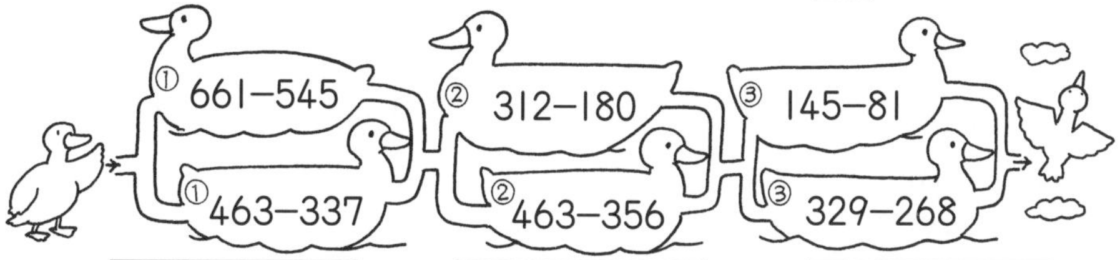

①　②　③

たし算とひき算の筆算（11）

名前

ひき算　くり下がり２回

①
  214
− 166

②
  534
− 355

③
  426
− 258

④
  708
− 229

⑤
  267
− 178

⑥
  905
− 237

⑦
  612
− 386

⑧
  820
− 428

⑨
  801
− 259

⑩
  620
− 477

⑪
  705
− 467

⑫
  304
− 258

⑬
  900
− 638

⑭
  100
− 46

⑮
  500
− 296

⑯
  400
− 66

たし算とひき算の筆算（12）

名前

ひき算　くり下がり２回

① 274−188　② 312−53　③ 605−476　④ 432−195

⑤ 301−192　⑥ 504−378　⑦ 408−159　⑧ 703−536

⑨ 800−88　⑩ 500−377　⑪ 400−337　⑫ 900−755

めいろは，答えの大きい方をとおりましょう。とおった方の答えを下の□に書きましょう。

①　②　③

たし算とひき算の筆算（13）

名前

1000 からのひき算

1

① $1000 - 600$

② $1000 - 70$

③ $1000 - 8$

④ $1000 - 150$

⑤ $1000 - 508$

⑥ $1000 - 292$

⑦ $1000 - 355$

⑧ $1000 - 406$

2

① 1000−920

② 1000−48

③ 1000−333

④ 1000−107

めいろは，答えの大きい方をとおりましょう。とおった方の答えを下の□に書きましょう。

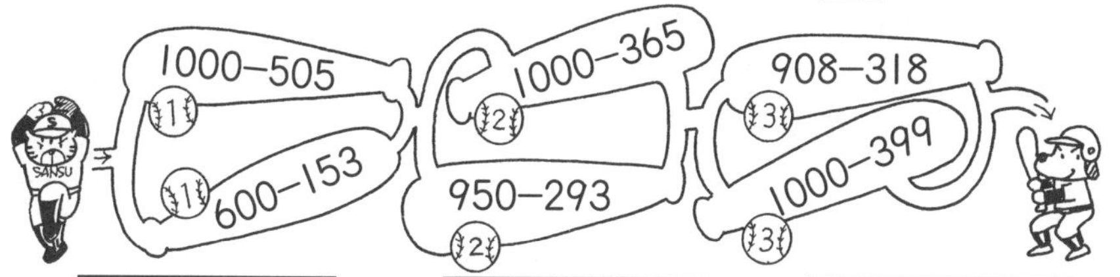

① □　② □　③ □

たし算とひき算の筆算（14）

名前

いろいろな型のひき算

① $672 - 245$

② $293 - 107$

③ $726 - 407$

④ $506 - 391$

⑤ $357 - 219$

⑥ $418 - 143$

⑦ $614 - 258$

⑧ $120 - 85$

⑨ $794 - 384$

⑩ $812 - 586$

⑪ $461 - 194$

⑫ $507 - 318$

⑬ $841 - 550$

⑭ $1000 - 471$

⑮ $300 - 279$

⑯ $170 - 122$

たし算とひき算の筆算（15）

名前

いろいろな型のひき算

① 417−225　② 609−333　③ 523−251　④ 237−91

⑤ 400−186　⑥ 505−236　⑦ 803−367　⑧ 251−177

⑨ 740−458　⑩ 1000−195　⑪ 152−60　⑫ 918−260

めいろは，答えの大きい方をとおりましょう。とおった方の答えを下の□に書きましょう。

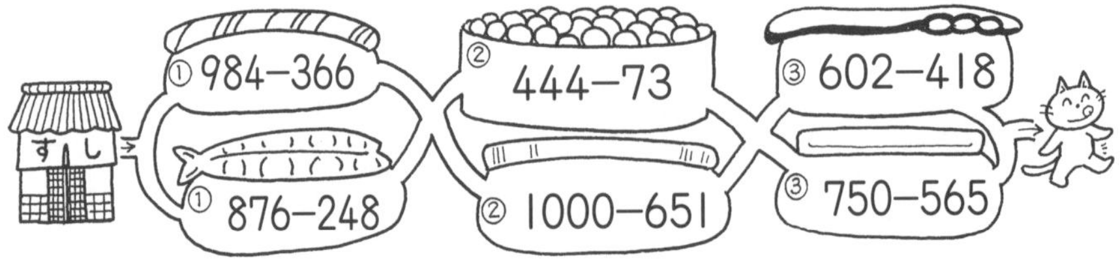

① □　② □　③ □

たし算とひき算の筆算（16）

名前

めいろ

● 答えの大きい方をとおりましょう。
とおった方の答えを下の□に書きましょう。

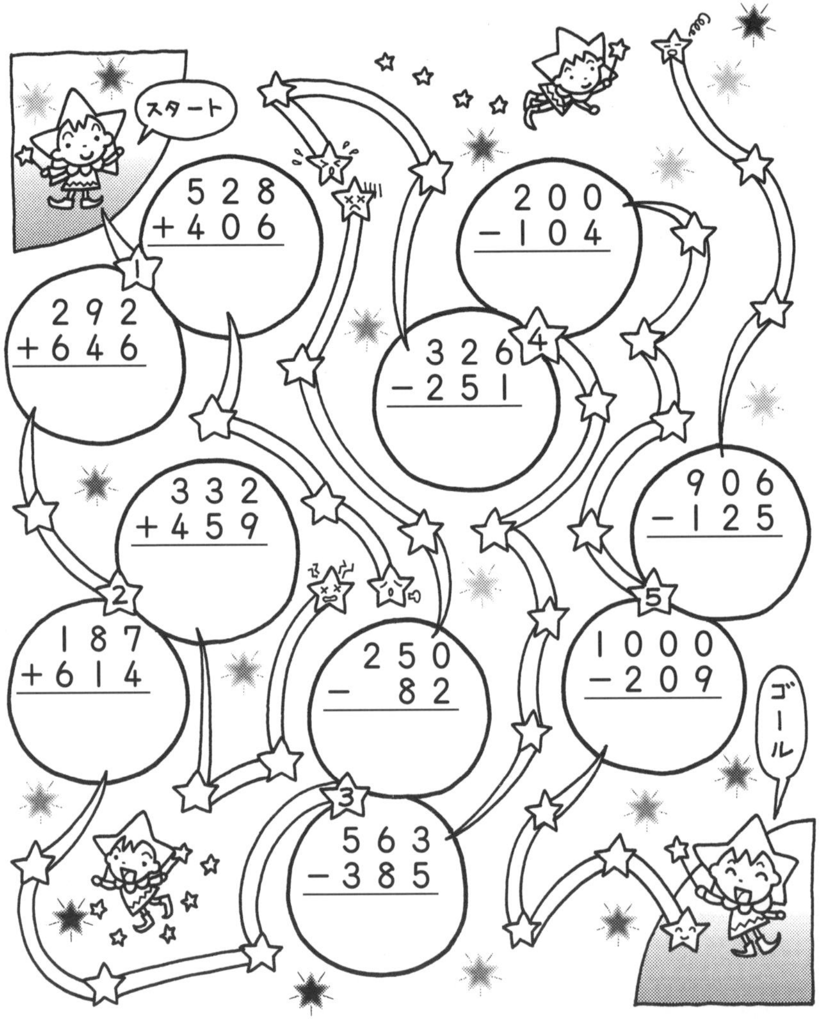

1 □　2 □　3 □　4 □　5 □

たし算とひき算の筆算（17）

名前

4けたのたし算

① 1236 ＋ 325

② 2927 ＋ 348

③ 703 ＋ 5495

④ 1955 ＋ 548

⑤ 1687 ＋ 2318

⑥ 1856 ＋ 3749

⑦ 857 ＋ 1568

⑧ 1520 ＋ 2691

⑨ 2567 ＋ 4705

⑩ 3945 ＋ 4876

⑪ 1856 ＋ 2677

⑫ 1889 ＋ 5726

たし算とひき算の筆算（18）

名前

4けたのたし算

① 3003+1299

② 1587+1296

③ 1754+873

④ 2588+1769

⑤ 6946+485

⑥ 2798+3606

⑦ 1963+4089

⑧ 955+7218

⑨ 1838+2673

めいろは，答えの大きい方をとおりましょう。とおった方の答えを下の□に書きましょう。

①

②

③

たし算とひき算の筆算（19）

名前

4けたのひき算

①

	3	1	6	6
−	1	0	7	2

②

	4	2	1	5
−	2	4	0	3

③

	2	0	0	8
−		7	5	2

④

	1	2	5	8
−		7	7	9

⑤

	2	3	4	3
−	1	5	7	5

⑥

	6	3	4	4
−	3	5	9	5

⑦

	3	6	2	4
−	1	2	5	1

⑧

	5	0	1	2
−	2	5	7	4

⑨

	8	0	0	5
−	5	1	8	7

⑩

	5	3	4	0
−	1	8	6	2

⑪

	7	1	5	4
−	2	3	8	6

⑫

	2	3	6	2
−	1	5	7	8

たし算とひき算の筆算（20）

名前

4けたのひき算

① 2366−727

② 4008−2560

③ 5273−3428

④ 4537−1789

⑤ 2100−746

⑥ 8000−5492

⑦ 3451−2634

⑧ 6032−3417

⑨ 2518−1749

めいろは，答えの大きい方をとおりましょう。とおった方の答えを下の□に書きましょう。

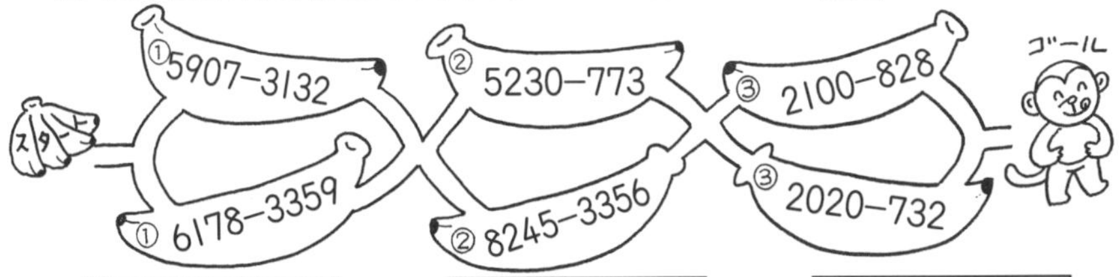

① □

② □

③ □

たし算とひき算の筆算（21）

名前

文章題①

1　動物園《どうぶつえん》に行きます。電車代が 1060 円で，入園りょうが 560 円です。あわせていくらでしょうか。

式

答え

2　ひまわりのたねが，1375 こあります。1 年生に 580 こプレゼントすると，のこりは何こになりますか。

式

答え

3　カードゲームをしました。けんたさんは，187 まいとりました。せいやさんは，けんたさんより 25 まい多くとりました。せいやさんは，何まいとったのでしょうか。

式

答え

4　いちごケーキは，1 こ 920 円です。チーズケーキは，1 こ 640 円です。ちがいは何円ですか。

式

答え

たし算とひき算の筆算（22）

名前

文章題②

1　268 円のチョコレートを買います。1000 円出すと，おつりは何円になりますか。

式

答え

2　海で貝をとりました。ひろとさんは 145 こで，まおさんは，ひろとさんより 69 こ多くとりました。まおさんは，貝を何ことりましたか。

式

答え

3　なわとびをしました。まさきさんは 284 回，もえさんは 327 回とびました。2 人あわせると，何回になりますか。

式

答え

4　あいかさんは，1300 ページある本を，何ページか読んだので，のこりが 871 ページになりました。あいかさんは，本を何ページ読んだのでしょうか。

式

答え

たし算とひき算の筆算（23）

名前

文章題③

1　1295円の絵具《えのぐ》と，470円のスケッチブックを買いました。代金はあわせていくらでしょうか。

式

答え

2　ゲームソフトを買うのに，5000円出すと，おつりが1845円でした。ゲームソフトは何円でしょうか。

式

答え

3　朝顔のたねが，983こあります。ひまわりのたねは，朝顔のたねより，677こ多かったです。ひまわりのたねは，何こあるでしょうか。

式

答え

4　だいやさんの小学校の子どもは1760人です。そのうち，女子は872人です。男子は何人でしょうか。

式

答え

たし算とひき算の筆算（24）

名前

文章題④

1　赤い羽根《はね》が，1400本あります。助《たす》け合い運動《うんどう》で，825本配《くば》りました。赤い羽根は，あと何本のこっているでしょうか。

式

答え

2　ケーキやさんでは，ケーキを1日に，1800こ作ります。シュークリームとケーキをあわせると，2580こになります。シュークリームを，1日に何こ作るのでしょうか。

式

答え

3　まいさんは，お母さんからバス代780円と，おこづかい850円をもらいました。あわせていくらもらったのでしょうか。

式

答え

4　おり紙が1050まいあります。みんなでおりづるを作るのに使《つか》うと，のこりが383まいになりました。おり紙を，何まい使ったのでしょうか。

式

答え

ふりかえりテスト①　たし算とひき算の筆算

名前

□1 筆算《ひっさん》で計算しましょう。 (5×12)

① 412+386

② 375+518

③ 164+667

④ 5176+1813

⑤ 6677+2911

⑥ 2977+403

⑦ 628−567

⑧ 1035−387

⑨ 3506−3110

⑩ 5008−439

⑪ 7314−7296

⑫ 8000−5894

□2 りおさんの町の小学生は，3542 人です。男子は 1827 人です。女子は何人でしょうか。(10)

式

答え

□3 おはじきが 435 こあります。妹に何こかあげると，のこりが 379 こになりました。妹に，何こあげたのでしょうか。(10)

式

答え

□4 こうたさんは，ちょ金が 5550 円あります。おじいさんにおこづかいをもらったので，6500 円になりました。おじいさんにいくらもらったのでしょうか。(10)

式

答え

□5 ひまわりのたねがありました。ハムスターが 147 こ食べたので，のこりが 875 こになりました。ひまわりのたねは，はじめに何こあったのでしょうか。(10)

式

答え

ふりかえりテスト② たし算とひき算の筆算

名前

1 筆算《ひっさん》で計算しましょう。(5×12)

① 359+492

② 286+627

③ 827+794

④ 3948+556

⑤ 1366+4508

⑥ 2846+5075

⑦ 703−466

⑧ 4000−967

⑨ 1825−378

⑩ 6078−5189

⑪ 5003−1086

⑫ 4264−2895

2 ゆいさんは，散歩《さんぽ》で 2764 歩，歩きました。そうたさんは，ゆいさんより 452 歩多く歩きました。そうたさんは，何歩あるいたのでしょうか。(10)

式

答え

3 たいちさんは，カードを 275 まいもっています。友だちに何まいかもらったので，308 まいになりました。カードを何まいもらったのでしょうか。(10)

式

答え

4 さやかさんは，3000 円もって買い物に行きました。1320 円の本と，990 円のふで箱《ばこ》を買いました。おつりはいくらでしょうか。(10)

式

答え

5 1450+680 の式になるような問題文《もんだいぶん》を作り，答えを出しましょう。(10)

式 1450+680=

答え

長さ (1)

名前

⃞1 まきじゃくの目もりを読みましょう。

(　　　　)m (　　　　)cm (　　　　)m (　　　　)cm

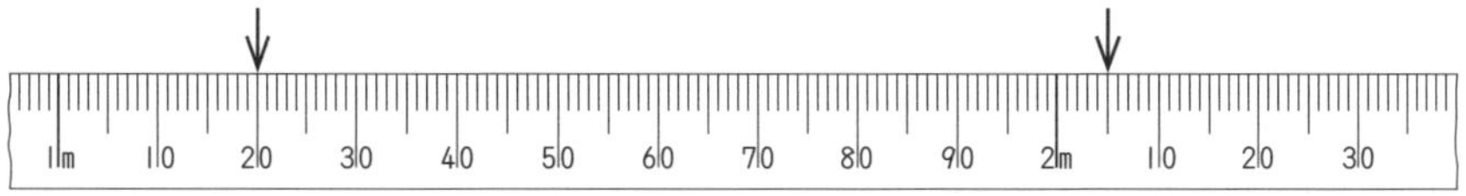

⃞2 紙ひこうきをとばしました。とんだきょりを，下の表《ひょう》に書きましょう。

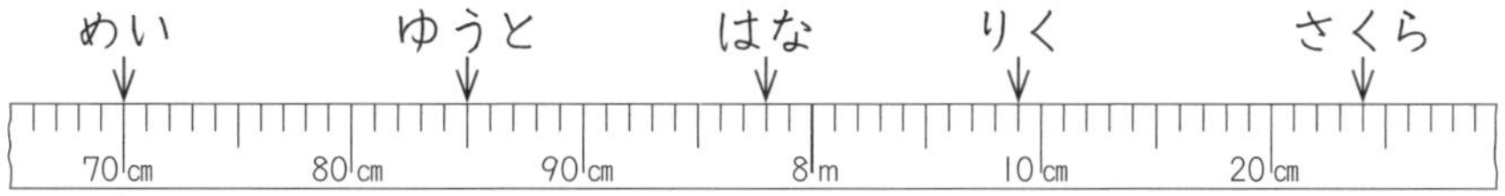

名前	めい	ゆうと	はな	りく	さくら
きょり	m cm	m cm	m cm	m cm	m cm

① だれの紙ひこうきが，いちばん遠くまでとんだでしょうか。

(　　　　　　)

② 紙ひこうきがとんだきょりが，いちばん長いのと，いちばん短《みじか》いのとでは，何cmのちがいがあるでしょうか。

式

答え

長さ (2)

名前

⃞1 (　)にあてはまるたんいを書き，はかるのに使《つか》うとべんりなものを線でむすびましょう。

① 走りはばとびでとんだきょり　3 (　　)・　　・1mのまきじゃく

② 教科書のあつさ　8 (　　)・　　・15cmのものさし

③ むねのまわりの長さ　64 (　　)・　　・10mのまきじゃく

⃞2 次《つぎ》の⬚にあてはまる数を書きましょう。

① 3km = ⬚m

② ⬚km ⬚m = 4700m

③ 5950m = ⬚km ⬚m

④ 1km200m = ⬚m

⑤ 9km500m = ⬚m

⃞3 次の⬚に不等号《ふとうごう》(>，<)を書きましょう。

① 1km ⬚ 1050m　　② 2km100m ⬚ 2020m

③ 5km 60m ⬚ 5600m　　④ 2400m ⬚ 2km470m

長さ (3)

名前

● 計算をしましょう。

① 1km 300m ＋ 600m ＝

② 2km ＋ 3km 400m ＝

③ 1km 200m ＋ 2km 200m ＝

④ 5km 800m － 3km 200m ＝

⑤ 7km 500m － 5km ＝

⑥ 5km － 500m ＝

めいろは，答えの大きい方をとおりましょう。とおった方の答えを下の□に書きましょう。

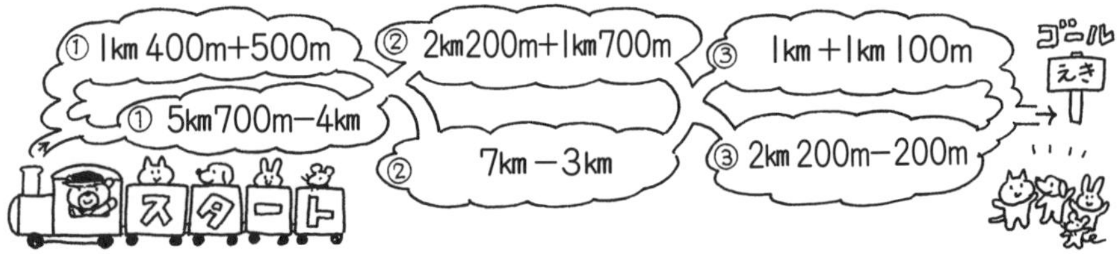

① 　　② 　　③

長さ (4)

名前

● みゆさんが，家から学校へ行きます。下の図を見て，問題《もんだい》に答えましょう。

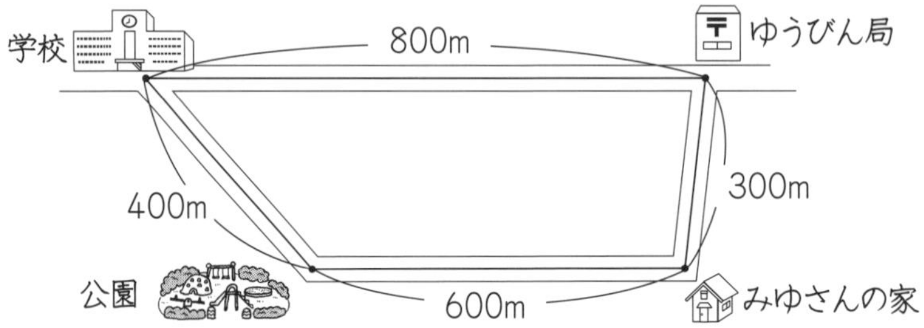

① ゆうびん局《きょく》の前を通って行く道のりは，何mでしょうか。また，それは何km何mでしょうか。

式

答え （　　　　）m，（　　　）km（　　　）m

② 公園の前を通って行く道のりは，何mでしょうか。また，それは何kmでしょうか。

式

答え （　　　　）m，（　　　）km

③ ゆうびん局の前を通って行くのと，公園の前を通って行くのとでは，道のりはどちらが何m長いでしょうか。

式

答え

ふりかえりテスト　長さ

名前

□1　次《つぎ》のものをはかるには，どれを使《つか》えばべんりでしょう。線でむすびましょう。(2×3)

① プールのたての長さ・　　・50 mのまきじゃく

② 頭のまわりの長さ　・　　・20cmのものさし

③ はがきのよこの長さ・　　・1 mのまきじゃく

□2　□にあてはまる長さのたんいを書きましょう。(4×4)

① えんぴつの長さ　7 □

② 学校までの道のり　1 □

③ ノートのあつさ　8 □

④ ある山の高さ　2150 □

□3　□に不等号《ふとうごう》(>，<)を書き入れましょう。(4×2)

① 3km500 m □ 3050 m

② 1km □ 1001 m

□4　計算をしましょう。(4×4)

① 1km400m＋600m＝

② 2km＋1km800m＝

③ 5km－500m＝

④ 8km300m－5km＝

□5　次の□にあてはまる数を書きましょう。(4×4)

① 4km＝□m

② 7000m＝□km

③ 3200m＝□km□m

④ 1km900m＝□m

□6　下のまきじゃくに，①，②の長さを↓で書きましょう。(4×2)

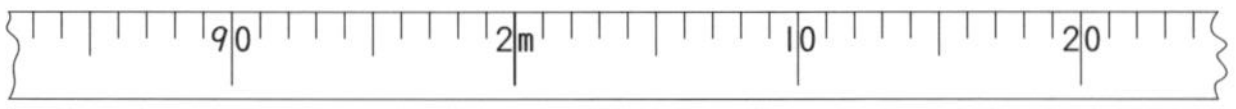

① 1m95cm　　② 2m8cm

□7　はるかさんが家から図書館《かん》まで行きます。下の地図を見て，問題《もんだい》に答えましょう。(10×3)

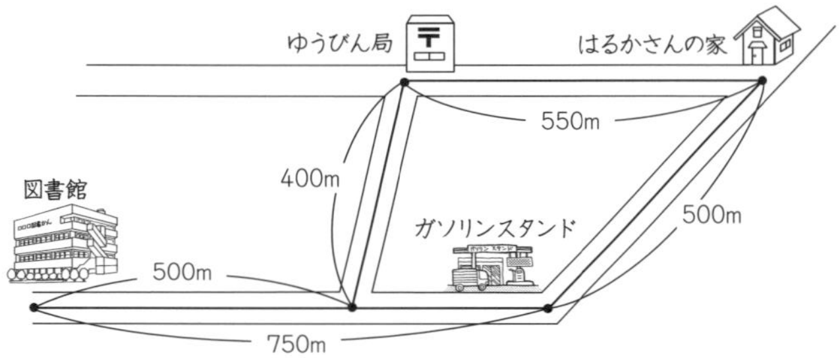

① ガソリンスタンドの前を通って行くと，道のりは何km何mになるでしょうか。

式

答え

② ゆうびん局《きょく》の前を通って行くと，道のりは何km何mになるでしょうか。

式

答え

③ ゆうびん局前を通って行く道のりと，ガソリンスタンド前を通って行く道のりとでは，どちらが何m長いでしょうか。

式

答え

あまりのあるわり算（1）

○÷2～○÷5

名前

① 13 ÷ 2 = 6 あまり 1

−12

1

② 9 ÷ 2 =

③ 17 ÷ 2 =

④ 17 ÷ 3 =

⑤ 7 ÷ 3 =

⑥ 26 ÷ 3 =

① 14 ÷ 4 = 3 あまり 2

−12

2

② 25 ÷ 4 =

③ 31 ÷ 4 =

④ 31 ÷ 5 =

⑤ 17 ÷ 5 =

⑥ 44 ÷ 5 =

あまりのあるわり算（2）

○÷6～○÷9

名前

① 29 ÷ 6 = 4 あまり 5

−24

5

② 40 ÷ 6 =

③ 57 ÷ 6 =

④ 31 ÷ 7 =

⑤ 20 ÷ 7 =

⑥ 58 ÷ 7 =

① 35 ÷ 8 = 4 あまり 3

−32

3

② 46 ÷ 8 =

③ 67 ÷ 8 =

④ 33 ÷ 9 =

⑤ 48 ÷ 9 =

⑥ 73 ÷ 9 =

あまりのあるわり算 (3)

名前

○÷2～○÷4

① 11 ÷ 2 = あまり

② 5 ÷ 2 = あまり

③ 9 ÷ 2 = あまり

④ 1 ÷ 2 = あまり

⑤ 15 ÷ 2 = あまり

⑥ 17 ÷ 2 = あまり

⑦ 7 ÷ 2 = あまり

⑧ 19 ÷ 2 = あまり

⑨ 3 ÷ 2 = あまり

⑩ 13 ÷ 2 = あまり

① 14 ÷ 3 = あまり

② 25 ÷ 3 = あまり

③ 8 ÷ 3 = あまり

④ 4 ÷ 3 = あまり

⑤ 10 ÷ 3 = あまり

⑥ 20 ÷ 3 = あまり

⑦ 26 ÷ 3 = あまり

⑧ 29 ÷ 3 = あまり

⑨ 1 ÷ 3 = あまり

⑩ 16 ÷ 3 = あまり

① 10 ÷ 4 = あまり

② 15 ÷ 4 = あまり

③ 22 ÷ 4 = あまり

④ 37 ÷ 4 = あまり

⑤ 1 ÷ 4 = あまり

⑥ 26 ÷ 4 = あまり

⑦ 7 ÷ 4 = あまり

⑧ 18 ÷ 4 = あまり

⑨ 33 ÷ 4 = あまり

⑩ 27 ÷ 4 = あまり

あまりのあるわり算 (4)

名前

○÷5，○÷6

① 28 ÷ 5 = あまり

② 4 ÷ 5 = あまり

③ 44 ÷ 5 = あまり

④ 19 ÷ 5 = あまり

⑤ 11 ÷ 5 = あまり

⑥ 23 ÷ 5 = あまり

⑦ 32 ÷ 5 = あまり

⑧ 16 ÷ 5 = あまり

① 37 ÷ 6 = あまり

② 59 ÷ 6 = あまり

③ 27 ÷ 6 = あまり

④ 55 ÷ 6 = あまり

⑤ 29 ÷ 6 = あまり

⑥ 10 ÷ 6 = あまり

⑦ 45 ÷ 6 = あまり

⑧ 20 ÷ 6 = あまり

① 41 ÷ 6 = あまり

② 2 ÷ 6 = あまり

③ 56 ÷ 6 = あまり

④ 22 ÷ 6 = あまり

⑤ 25 ÷ 6 = あまり

⑥ 32 ÷ 6 = あまり

⑦ 51 ÷ 6 = あまり

⑧ 16 ÷ 6 = あまり

めいろは，答えの大きい方をとおりましょう。とおった方の答えを下の□に書きましょう。

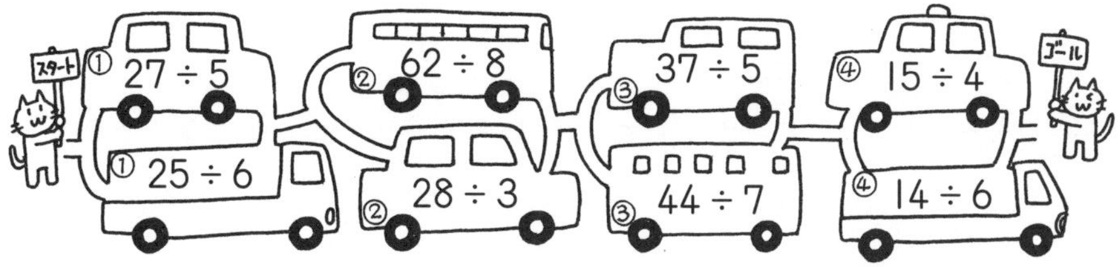

① □ ② □ ③ □ ④ □

あまりのあるわり算（5）

○÷ 7，○÷ 8

名前

① 66 ÷ 7 =　あまり
② 25 ÷ 7 =　あまり
③ 54 ÷ 7 =　あまり
④ 20 ÷ 7 =　あまり
⑤ 12 ÷ 7 =　あまり
⑥ 16 ÷ 7 =　あまり
⑦ 36 ÷ 7 =　あまり
⑧ 6 ÷ 7 =　あまり
⑨ 64 ÷ 7 =　あまり
⑩ 9 ÷ 7 =　あまり

① 40 ÷ 7 =　あまり
② 4 ÷ 7 =　あまり
③ 69 ÷ 7 =　あまり
④ 33 ÷ 7 =　あまり
⑤ 46 ÷ 7 =　あまり
⑥ 23 ÷ 7 =　あまり
⑦ 60 ÷ 7 =　あまり
⑧ 48 ÷ 7 =　あまり
⑨ 29 ÷ 7 =　あまり
⑩ 52 ÷ 7 =　あまり

① 13 ÷ 8 =　あまり
② 66 ÷ 8 =　あまり
③ 51 ÷ 8 =　あまり
④ 76 ÷ 8 =　あまり
⑤ 42 ÷ 8 =　あまり
⑥ 68 ÷ 8 =　あまり
⑦ 28 ÷ 8 =　あまり
⑧ 77 ÷ 8 =　あまり
⑨ 38 ÷ 8 =　あまり
⑩ 71 ÷ 8 =　あまり

あまりのあるわり算（6）

○÷ 8，○÷ 9

名前

① 54 ÷ 8 =　あまり
② 5 ÷ 8 =　あまり
③ 57 ÷ 8 =　あまり
④ 26 ÷ 8 =　あまり
⑤ 49 ÷ 8 =　あまり
⑥ 75 ÷ 8 =　あまり
⑦ 21 ÷ 8 =　あまり
⑧ 63 ÷ 8 =　あまり

① 28 ÷ 9 =　あまり
② 43 ÷ 9 =　あまり
③ 73 ÷ 9 =　あまり
④ 85 ÷ 9 =　あまり
⑤ 6 ÷ 9 =　あまり
⑥ 55 ÷ 9 =　あまり
⑦ 39 ÷ 9 =　あまり
⑧ 32 ÷ 9 =　あまり

① 24 ÷ 9 =　あまり
② 88 ÷ 9 =　あまり
③ 62 ÷ 9 =　あまり
④ 20 ÷ 9 =　あまり
⑤ 47 ÷ 9 =　あまり
⑥ 57 ÷ 9 =　あまり
⑦ 13 ÷ 9 =　あまり
⑧ 77 ÷ 9 =　あまり

めいろは，答えの大きい方をとおりましょう。とおった方の答えを下の□に書きましょう。

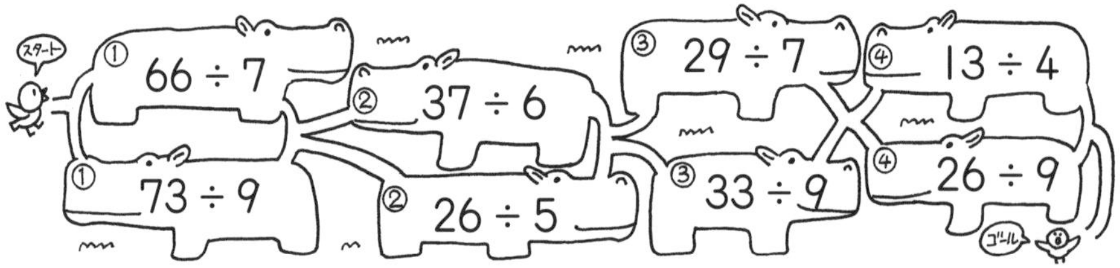

①　②　③　④

あまりのあるわり算（7）

名前

① 62 ÷ 7 = 　あまり

② 1 ÷ 2 = 　あまり

③ 11 ÷ 6 = 　あまり

④ 83 ÷ 9 = 　あまり

⑤ 31 ÷ 4 = 　あまり

⑥ 52 ÷ 9 = 　あまり

⑦ 18 ÷ 7 = 　あまり

⑧ 13 ÷ 5 = 　あまり

⑨ 60 ÷ 8 = 　あまり

⑩ 47 ÷ 6 = 　あまり

① 7 ÷ 3 = 　あまり

② 41 ÷ 8 = 　あまり

③ 7 ÷ 6 = 　あまり

④ 84 ÷ 9 = 　あまり

⑤ 23 ÷ 8 = 　あまり

⑥ 38 ÷ 7 = 　あまり

⑦ 79 ÷ 8 = 　あまり

⑧ 41 ÷ 5 = 　あまり

⑨ 70 ÷ 9 = 　あまり

⑩ 67 ÷ 7 = 　あまり

① 59 ÷ 9 = 　あまり

② 48 ÷ 5 = 　あまり

③ 69 ÷ 8 = 　あまり

④ 31 ÷ 7 = 　あまり

⑤ 30 ÷ 9 = 　あまり

⑥ 45 ÷ 7 = 　あまり

⑦ 75 ÷ 9 = 　あまり

⑧ 23 ÷ 4 = 　あまり

⑨ 58 ÷ 6 = 　あまり

⑩ 9 ÷ 2 = 　あまり

あまりのあるわり算（8）

名前

① 53 ÷ 8 = 　あまり

② 13 ÷ 7 = 　あまり

③ 38 ÷ 9 = 　あまり

④ 47 ÷ 5 = 　あまり

⑤ 57 ÷ 7 = 　あまり

⑥ 11 ÷ 8 = 　あまり

⑦ 22 ÷ 9 = 　あまり

⑧ 5 ÷ 2 = 　あまり

① 24 ÷ 7 = 　あまり

② 59 ÷ 8 = 　あまり

③ 26 ÷ 5 = 　あまり

④ 87 ÷ 9 = 　あまり

⑤ 1 ÷ 8 = 　あまり

⑥ 76 ÷ 9 = 　あまり

⑦ 5 ÷ 4 = 　あまり

⑧ 15 ÷ 9 = 　あまり

① 3 ÷ 9 = 　あまり

② 13 ÷ 4 = 　あまり

③ 27 ÷ 5 = 　あまり

④ 73 ÷ 8 = 　あまり

⑤ 55 ÷ 8 = 　あまり

⑥ 71 ÷ 9 = 　あまり

⑦ 19 ÷ 3 = 　あまり

⑧ 11 ÷ 7 = 　あまり

めいろは，答えの大きい方をとおりましょう。とおった方の答えを下の□に書きましょう。

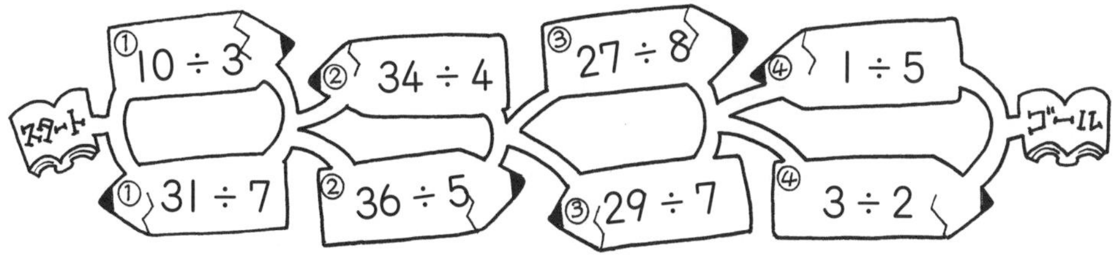

①□　②□　③□　④□

あまりのあるわり算（9）

名前

① 37 ÷ 8 = 　あまり

② 41 ÷ 7 = 　あまり

③ 19 ÷ 6 = 　あまり

④ 8 ÷ 6 = 　あまり

⑤ 65 ÷ 9 = 　あまり

⑥ 30 ÷ 8 = 　あまり

⑦ 11 ÷ 3 = 　あまり

⑧ 7 ÷ 2 = 　あまり

⑨ 50 ÷ 9 = 　あまり

⑩ 34 ÷ 5 = 　あまり

① 44 ÷ 6 = 　あまり

② 52 ÷ 6 = 　あまり

③ 43 ÷ 8 = 　あまり

④ 60 ÷ 9 = 　あまり

⑤ 51 ÷ 7 = 　あまり

⑥ 46 ÷ 9 = 　あまり

⑦ 42 ÷ 5 = 　あまり

⑧ 17 ÷ 8 = 　あまり

⑨ 74 ÷ 8 = 　あまり

⑩ 10 ÷ 9 = 　あまり

① 55 ÷ 7 = 　あまり

② 34 ÷ 4 = 　あまり

③ 17 ÷ 2 = 　あまり

④ 78 ÷ 8 = 　あまり

⑤ 15 ÷ 7 = 　あまり

⑥ 17 ÷ 5 = 　あまり

⑦ 8 ÷ 9 = 　あまり

⑧ 31 ÷ 6 = 　あまり

⑨ 23 ÷ 3 = 　あまり

⑩ 50 ÷ 6 = 　あまり

あまりのあるわり算（10）

名前

① 12 ÷ 9 = 　あまり

② 50 ÷ 8 = 　あまり

③ 68 ÷ 7 = 　あまり

④ 17 ÷ 4 = 　あまり

⑤ 14 ÷ 8 = 　あまり

⑥ 4 ÷ 6 = 　あまり

⑦ 24 ÷ 5 = 　あまり

⑧ 27 ÷ 7 = 　あまり

① 19 ÷ 7 = 　あまり

② 58 ÷ 8 = 　あまり

③ 61 ÷ 9 = 　あまり

④ 37 ÷ 7 = 　あまり

⑤ 40 ÷ 9 = 　あまり

⑥ 23 ÷ 6 = 　あまり

⑦ 38 ÷ 5 = 　あまり

⑧ 9 ÷ 4 = 　あまり

① 35 ÷ 4 = 　あまり

② 16 ÷ 9 = 　あまり

③ 25 ÷ 8 = 　あまり

④ 82 ÷ 9 = 　あまり

⑤ 17 ÷ 6 = 　あまり

⑥ 11 ÷ 2 = 　あまり

⑦ 33 ÷ 5 = 　あまり

⑧ 50 ÷ 7 = 　あまり

めいろは，答えの大きい方をとおりましょう。とおった方の答えを下の□に書きましょう。

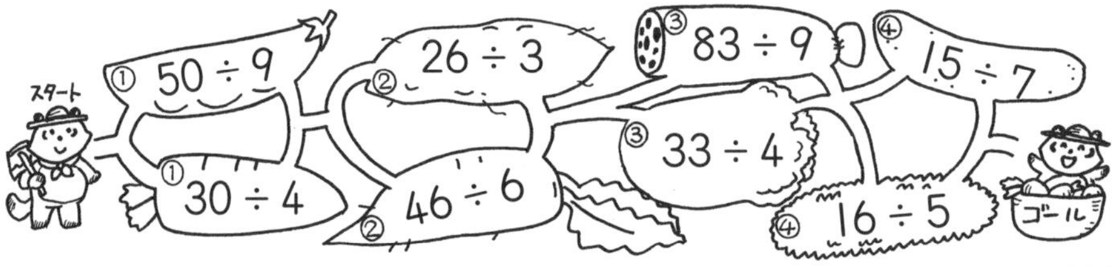

①　②　③　④

あまりのあるわり算（11）

名前

① 22 ÷ 8 = 　あまり

② 44 ÷ 9 = 　あまり

③ 5 ÷ 3 = 　あまり

④ 25 ÷ 4 = 　あまり

⑤ 32 ÷ 7 = 　あまり

⑥ 22 ÷ 7 = 　あまり

⑦ 31 ÷ 9 = 　あまり

⑧ 3 ÷ 2 = 　あまり

⑨ 29 ÷ 5 = 　あまり

⑩ 21 ÷ 6 = 　あまり

① 30 ÷ 7 = 　あまり

② 18 ÷ 5 = 　あまり

③ 52 ÷ 8 = 　あまり

④ 5 ÷ 9 = 　あまり

⑤ 21 ÷ 9 = 　あまり

⑥ 34 ÷ 9 = 　あまり

⑦ 18 ÷ 8 = 　あまり

⑧ 9 ÷ 6 = 　あまり

⑨ 28 ÷ 3 = 　あまり

⑩ 66 ÷ 9 = 　あまり

① 27 ÷ 8 = 　あまり

② 37 ÷ 5 = 　あまり

③ 14 ÷ 4 = 　あまり

④ 39 ÷ 5 = 　あまり

⑤ 64 ÷ 9 = 　あまり

⑥ 30 ÷ 4 = 　あまり

⑦ 53 ÷ 9 = 　あまり

⑧ 26 ÷ 6 = 　あまり

⑨ 23 ÷ 9 = 　あまり

⑩ 13 ÷ 2 = 　あまり

あまりのあるわり算（12）

めいろ

名前

● 答えのあまりが３になる方を通ってゴールまで行きましょう。

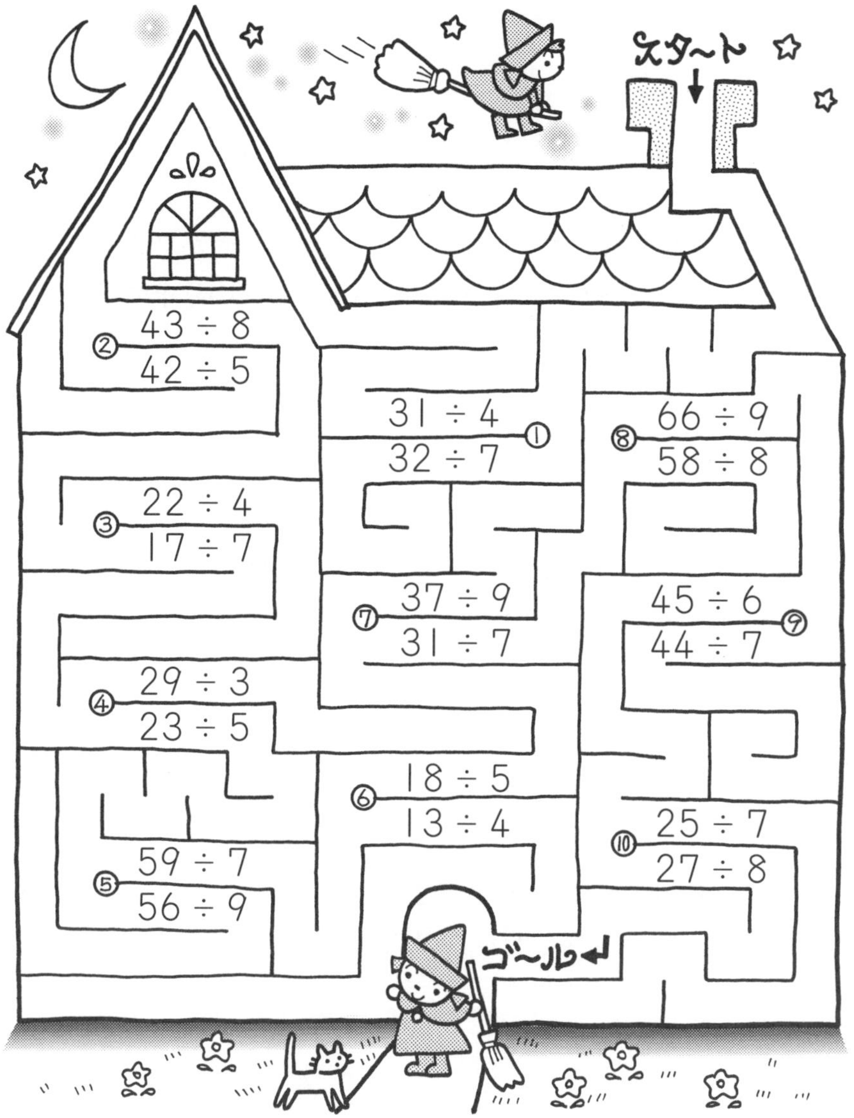

あまりのあるわり算（13）

名前

文章題①

1　りんごが40こあります。1箱《はこ》に6こずつ入れると，全部《ぜんぶ》のりんごを入れるのに，箱が何こいりますか。

式

答え

2　サンドイッチが34こあります。1まいのさらに4こずつのせると，全部のサンドイッチをのせるのに，皿は何まいいりますか。

式

答え

3　子どもが29人います。1きゃくの長いすに5人ずつすわると，みんながすわるのに，長いすが何きゃくいりますか。

式

答え

4　全部で76ページの本があります。1日に9ページずつ読むと，全部読み終《お》わるのに，何日かかりますか。

式

答え

あまりのあるわり算（14）

名前

文章題②

1　みかんが25こあります。1ふくろに3こずつ入れます。3こ入ったふくろは，何ふくろできますか。

式

答え

2　お金を65円持《も》っています。1こ7円のガムは何こ買えますか。

式

答え

3　いちごが45こあります。1つのケーキを作るのにいちごを8こ使《つか》います。ケーキは何こできますか。

式

答え

4　横《よこ》の長さが26cmの本だながあります。あつさ3cmの本を立てていくと，本は何さつ立てられますか。

式

答え

あまりのあるわり算（15）

名前

文章題③

1　クッキーが 37 まいあります。1人に5まいずつ分けると，何人に分けられるでしょうか。また，クッキーは何まいのこるでしょうか。

式

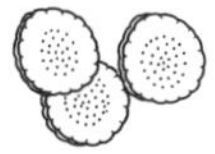

答え

2　チョコレートが，箱《はこ》に 56 こ入っています。1人に6こずつ分けると，何人に分けられて，何こあまるでしょうか。

式

答え

3　めだかが 44 ひきいます。8ふくろに，同じ数ずつ分けて入れると，1ふくろ分に何びき入れられて，何びきあまるでしょうか。

式

答え

4　18 ÷ 4 の式になる問題《もんだい》を作って問題をときましょう。

式

答え

あまりのあるわり算（16）

名前

文章題④

1　おり紙 60 まいでおりづるを作ります。7人で同じ数ずつ作ると，1人分は何まいになるでしょうか。また，おり紙は何まいあまるでしょうか。

式

答え

2　75m のロープがあります。1本 9m ずつに切り分けていくと，何本に分けられるでしょうか。また，ロープは何 m のこるでしょうか。

式

答え

3　シールが 22 まいあります。

①　1ふくろに4まいずつ入れていくと，4まい入りのふくろは何ふくろできて，シールは何まいのこりますか。

式

答え

②　あとシールが2まいあると，4まい入りのふくろは何ふくろできますか。

式

答え

ふりかえりテスト  あまりのあるわり算

名前

① わり算をしましょう。(2 × 36)

① 27 ÷ 4 = あまり	⑬ 17 ÷ 3 = あまり	㉕ 40 ÷ 6 = あまり
② 54 ÷ 7 = あまり	⑭ 9 ÷ 7 = あまり	㉖ 37 ÷ 7 = あまり
③ 33 ÷ 5 = あまり	⑮ 15 ÷ 6 = あまり	㉗ 9 ÷ 4 = あまり
④ 68 ÷ 7 = あまり	⑯ 57 ÷ 9 = あまり	㉘ 38 ÷ 4 = あまり
⑤ 25 ÷ 6 = あまり	⑰ 15 ÷ 9 = あまり	㉙ 32 ÷ 6 = あまり
⑥ 65 ÷ 8 = あまり	⑱ 19 ÷ 2 = あまり	㉚ 73 ÷ 8 = あまり
⑦ 53 ÷ 9 = あまり	⑲ 62 ÷ 7 = あまり	㉛ 23 ÷ 7 = あまり
⑧ 18 ÷ 7 = あまり	⑳ 60 ÷ 8 = あまり	㉜ 28 ÷ 3 = あまり
⑨ 22 ÷ 5 = あまり	㉑ 11 ÷ 5 = あまり	㉝ 32 ÷ 9 = あまり
⑩ 73 ÷ 9 = あまり	㉒ 22 ÷ 9 = あまり	㉞ 51 ÷ 6 = あまり
⑪ 20 ÷ 6 = あまり	㉓ 46 ÷ 6 = あまり	㉟ 31 ÷ 8 = あまり
⑫ 50 ÷ 8 = あまり	㉔ 25 ÷ 8 = あまり	㊱ 46 ÷ 5 = あまり

② 30まいの色紙を，7人に同じ数ずつ分けます。1人に何まいずつ配《くば》れて，何まいあまりますか。(7)

式

答え

③ 52このカップケーキを，箱《はこ》に入れます。箱には，6こずつ入ります。6こ入りの箱は何箱できて，カップケーキは何こあまりますか。(7)

式

答え

④ 子どもが27人います。1そうのボートに4人ずつのると，みんながのるのに，ボートが何そういりますか。(7)

式

答え

⑤ 42mのテープがあります。1人に5mずつ配《くば》ると何人に配れますか。(7)

式

答え

10000 より大きい数 (1)

名前 ＿＿＿＿＿＿＿＿

1 下の図の紙は，何まいあるか考えましょう。

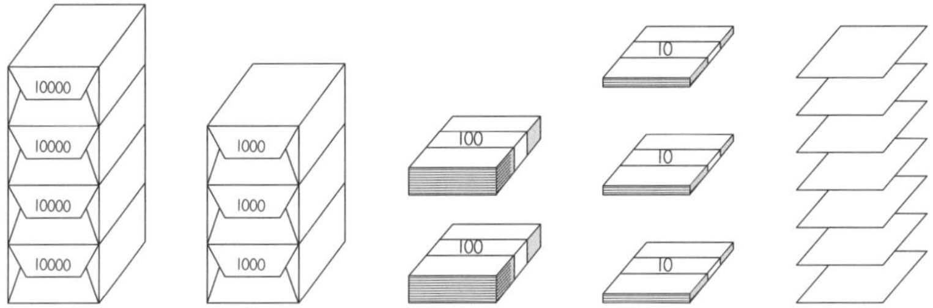

一万の位	千の位	百の位	十の位	一の位

① 上の表《ひょう》に，位《くらい》にあう数字を入れましょう。

② 紙は全部《ぜんぶ》で何まいありますか。　(　　　　　　　　) まい

③ 紙のまい数の読み方を，漢字《かんじ》で書きましょう。

(　　　　　　　　　　　　　　　　　　　　)

2 次《つぎ》の数の，数字は読み方（漢字）に，読み方（漢字）は数字に直しましょう。

①	69843	
②		七万五百六
③	24079	
④		四万五千八

10000 より大きい数 (2)

名前 ＿＿＿＿＿＿＿＿

1 位《くらい》に気をつけて，次《つぎ》の数を数字で書きましょう。

	一万の位	千の位	百の位	十の位	一の位
① 一万を５こと，千を７こと，百を３こと，十を６こと，一を２こあわせた数					
② 一万を４こと，670 をあわせた数					
③ 一万を７こと，千を９こあわせた数					
④ 一万を８こと，十を１こあわせた数					
⑤ 一万を９こ集《あつ》めた数					

2 □にあてはまる数字を書きましょう。

① 25863 は，一万を □ こ，千を □ こ，百を □ こ，十を □ こ，一を □ こあわせた数です。

② 40851 は，一万を □ こ，百を □ こ，十を □ こ，一を □ こあわせた数です。

③ 97020 は，一万を □ こ，千を □ こ，十を □ こあわせた数です。

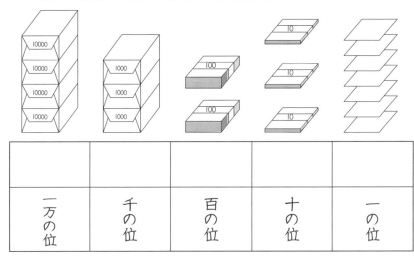

10000 より大きい数 (3)

名前

□1 次の数を数字で書き，読み方を漢《かん》字で書きましょう。

	数字	読み方（漢字）
①一万を５こと，千を４こと，百を９こあわせた数		
②一万を 370 こと，104 をあわせた数		
③千万を２こと，百万を５こと，十万を８こあわせた数		
④千万を６こと，十万を１こあわせた数		

□2 □にあてはまる数字を書きましょう。

① 37480000 は，千万を □ こ，百万を □ こ，十万を □ こ，一万を □ こあわせた数です。

② 20905000 は，千万を □ こ，十万を □ こ，千を □ こあわせた数です。

③ 80010600 は，千万を □ こ，一万を □ こ，百を □ こあわせた数です。

10000 より大きい数 (4)

1000 をもとにした数

名前

□1 1000 を 26 こ集《あつ》めた数はいくつですか。

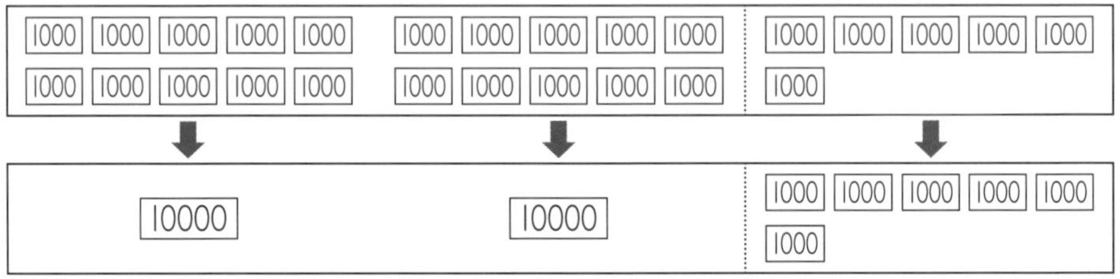

1000 が 26 こ 〈 1000 が 20 こ ➡ □ ／ 1000 が 6 こ ➡ □ 〉 □

□2 □にあてはまる数を書きましょう。

① 1000 を 38 こ集めた数は □ です。

② 1000 を 450 こ集めた数は □ です。

□3 82000 は 1000 を何こ集めた数ですか。

82000 〈 80000 ➡ 1000 が □ こ ／ 2000 ➡ 1000 が □ こ 〉 1000 が □ こ

□4 □にあてはまる数を書きましょう。

① 52000 は，1000 を □ こ集めた数です。

② 710000 は，1000 を □ こ集めた数です。

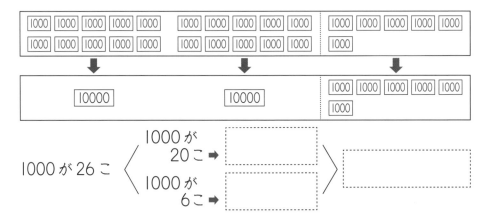

10000 より大きい数 (5)

名前

1 □にあてはまる数を書きましょう。

① 99998－99999－□－100001－□

② 580 万－585 万－□－595 万－□

③ 38000－39000－□－□－42000

2 下の数直線の 1 目もりの大きさと，あ～うの数を書きましょう。

① 1 目もり (　　　)

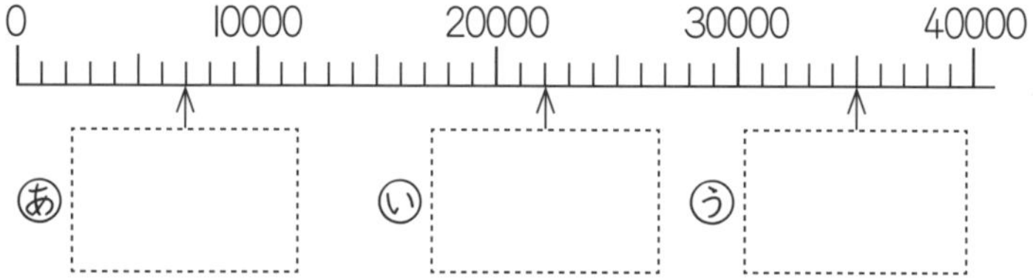

② 1 目もり (　　　)

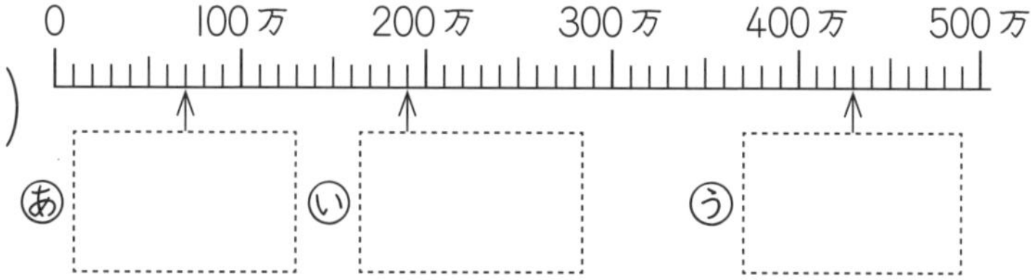

③ 1 目もり (　　　)

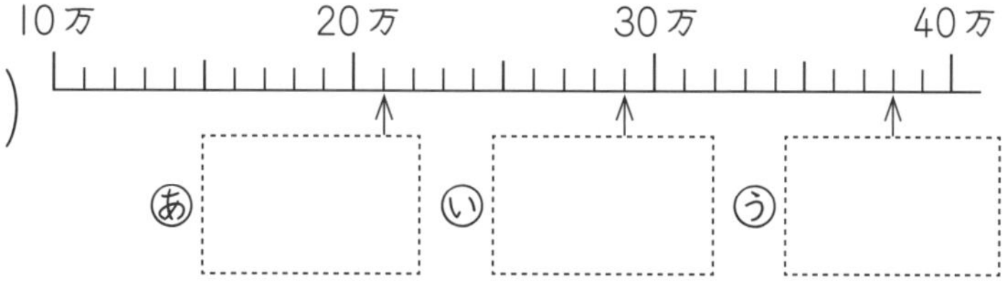

10000 より大きい数 (6)

1 億という数・数の大きさ

名前

1 下の数直線について答えましょう。

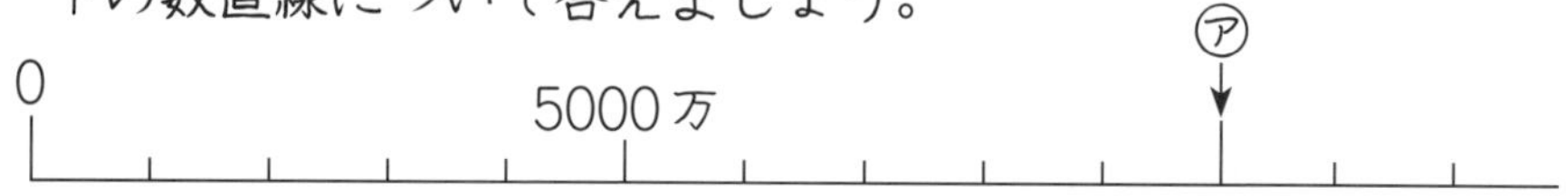

① いちばん小さい 1 目もりはいくつですか。 (　　　)

② 8000 万を表《あらわ》す目もりに↑をかきましょう。

③ アの目もりが表す数はいくつですか。 (　　　)

④ 1000 万を 10 こ集《あつ》めた数を数字で書きましょう。

(　　　)

⑤ 1 億《おく》より 1 小さい数はいくつですか。(　　　)

2 次《つぎ》の□にあてはまる不等号《ふとうごう》（＞，＜）を書きましょう。

① 402195 □ 398994　② 7329800 □ 7867800

③ 390000 □ 2120000　④ 600000 □ 6000000

めいろは，答えの大きい方をとおりましょう。とおった方の答えを下の□に書きましょう。

① □　② □　③ □　④ □

10000 より大きい数（7）

名前

・数を 10 倍《ばい》すると，その数字の位《くらい》が 1 つ上がり，右に 0 が 1 こふえる。
・数を 100 倍すると，その数字の位が 2 つ上がり，右に 0 が 2 つふえる。
・数を 1000 倍すると，その数字の位が 3 つ上がり，右に 0 が 3 つふえる。

1 10 倍した数，100 倍した数，1000 倍した数を書きましょう。

① 53 × 10 =　　② 81 × 10 =

③ 21 × 100 =　　④ 60 × 100 =

⑤ 47 × 1000 =　　⑥ 19 × 1000 =

・一の位に 0 のある数を 10 でわると，その数の位が 1 つ下がり，右はしの 0 が 1 こへる。

2 10 でわった数を書きましょう。

① 240 ÷ 10 =　　② 750 ÷ 10 =

3 32 を 10 倍しましょう。そして，その数を 10 でわりましょう。

32 ―10 倍→ ［　　　］ ―10 でわる→ ［　　　］

4 次《つぎ》の数を，10 倍・100 倍・1000 倍した数はいくつですか。
また，10 でわった数はいくつですか。

	数	10 倍	100 倍	1000 倍	10でわった数
①	580				
②	4600				

10000 より大きい数（8）

名前

1 次の計算をしましょう。

① 350 万 ＋ 260 万 =

② 710 万 ＋ 39 万 =

③ 540 万 － 180 万 =

④ 485 万 － 238 万 =

⑤ 200000 ＋ 58000 =

⑥ 630000 － 40000 =

2 次の計算を，筆算《ひっさん》でしましょう。

① 1957+8606　　② 7829+5634　　③ 40084+54379

④ 9658−1785　　⑤ 8060−4983　　⑥ 346500−258600

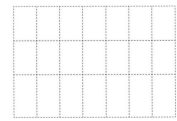

10000より大きい数 (9)

文章題①

名前

1　お姉さんは，ちょ金が32800円あります。わたしは，28700円あります。2人のちょ金をあわせると，何円でしょうか。

式

答え

2　A市の人口は，122590人です。B市の人口は，136405人です。B市は，A市より何人多いでしょうか。

式

答え

3　れいぞう庫《こ》を148800円で買います。せんたくきもいっしょに買うと，317300円になります。せんたくきのねだんは，いくらでしょうか。

式

答え

4　東京から大阪《おおさか》までの新幹線《しんかんせん》代は，13870円です。名古屋《なごや》までは，大阪までより3310円安《やす》いです。名古屋までの新幹線代は何円でしょうか。

式

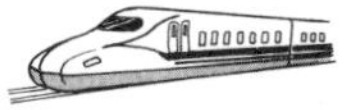

答え

10000より大きい数 (10)

文章題②

名前

1　かばんと洋服《ようふく》を買うと，26780円でした。かばんは9800円でした。洋服は，何円でしょうか。

式

答え

2　車を1869000円で買います。167000円のカーナビも注文《ちゅうもん》しました。車の代金は，あわせていくらになるでしょうか。

式

答え

3　わたしは，ちょ金が38540円あります。おこづかいを2500円もらったので，ちょ金しました。ちょ金は，全部《ぜんぶ》で何円になったでしょうか。

式

答え

4　工場では，かんづめを1日に549700こ作ります。お店に配《はい》たつすると，8900このこりました。お店に配たつしたかんづめは，何こでしょうか。

式

答え

ふりかえりテスト　10000 より大きい数

名前

□1 下の数について答えましょう。(3×2)

１３６０９８０５

① 十万の位《くらい》の数を書きましょう。

(　　　　　　　　)

② 読み方を漢字《かんじ》で書きましょう。

(　　　　　　　　)

□2 次《つぎ》の数を数字で書きましょう。(4×6)

① 一万を 450 こ集《あつ》めた数

(　　　　　　　　)

② 百万を 2 こ，一万を 8 こあわせた数

(　　　　　　　　)

③ 千万を7こ，十万を4こ，千を6こあわせた数

(　　　　　　　　)

④ 千を 329 こ集めた数

(　　　　　　　　)

⑤ 五千三百八万四千

(　　　　　　　　)

⑥ 一億七百万

(　　　　　　　　)

□3 □にあてはまる数を書きましょう。(4×3)

① 460200 は十万を □ こ，一万を □ こ，百を □ こ，あわせた数です。

② 290000 は 200000 と □ をあわせた数です。

③ 540000 は，1000 を □ こ，集めた数です。

□4 次の□にあてはまる数を書きましょう。(3×4)

㋐

① □　② □

㋑

③ □　④ □

□5 □にあてはまる不等号《ふとうごう》を書きましょう。(3×2)

① 54699 □ 54700

② 1000000 □ 10000000

□6 □にあてはまる数を書きましょう。(4×3)

① ―□―39900―40000―□―

② ―598万―□―□―601万―

③ ―9997万―□―9999万―□―

□7 次の計算をしましょう。(4×4)

① 370 万 + 560 万=

② 400 万 − 260 万=

③ 7000 + 9000 =

④ 152000 − 86000 =

□8 1900 を 10倍《ばい》，100倍，1000倍した数はいくつですか。また，10 でわった数はいくつですか。(3×4)

10 倍 (　　　　)　100 倍 (　　　　)

1000 倍 (　　　　)　10 でわった数 (　　　　)

かけ算の筆算1 (1)

名前

2けた×1けた　くり上がりなし

① 23×3

② 14×2

③ 32×2

④ 22×4

⑤ 12×4

⑥ 30×3

⑦ 11×7

⑧ 10×8

⑨ 12×3

⑩ 31×2

⑪ 41×2

⑫ 21×4

⑬ 42×2

⑭ 13×3

⑮ 70×0

⑯ 86×1

かけ算の筆算1 (2)

名前

2けた×1けた　くり上がり1回

① 36 × 2　② 37 × 2　③ 16 × 6　④ 24 × 3

⑤ 17 × 4　⑥ 25 × 3　⑦ 48 × 2　⑧ 19 × 4

⑨ 21 × 6　⑩ 42 × 3　⑪ 27 × 3　⑫ 12 × 5

めいろは，答えの大きい方をとおりましょう。とおった方の答えを下の□に書きましょう。

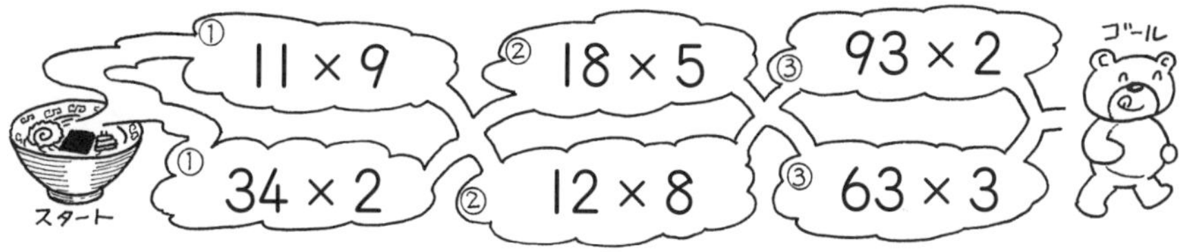

①□　②□　③□

かけ算の筆算1 (3)

2けた×1けた　くり上がり2回

名前

①

	3	5
×		6

②

	2	7
×		7

③

	4	7
×		3

④

	3	8
×		4

⑤

	6	8
×		2

⑥

	3	6
×		8

⑦

	3	8
×		5

⑧

	3	3
×		7

⑨

	3	9
×		4

⑩

	5	9
×		3

⑪

	2	6
×		6

⑫

	4	6
×		4

⑬

	4	7
×		3

⑭

	2	5
×		7

⑮

	3	6
×		7

⑯

	2	4
×		8

かけ算の筆算1 (4)

2けた×1けた　くり上がり2回

名前

① 35 × 8　② 29 × 9　③ 39 × 3　④ 46 × 7

⑤ 38 × 6　⑥ 59 × 7　⑦ 34 × 9　⑧ 28 × 8

⑨ 36 × 9　⑩ 27 × 8　⑪ 64 × 8　⑫ 19 × 6

めいろは，答えの大きい方をとおりましょう。とおった方の答えを下の□に書きましょう。

① □　② □　③ □

かけ算の筆算 1 （5）

2けた×1けた　いろいろな型

名前

① 24 × 6　② 43 × 3　③ 36 × 4　④ 18 × 6

⑤ 47 × 3　⑥ 58 × 8　⑦ 56 × 6　⑧ 33 × 6

⑨ 38 × 6　⑩ 57 × 9　⑪ 67 × 5　⑫ 49 × 7

⑬ 43 × 3　⑭ 37 × 9　⑮ 16 × 4　⑯ 25 × 6

かけ算の筆算 1 （6）

2けた×1けた　いろいろな型

名前

① 65 × 8　② 77 × 6　③ 27 × 3　④ 13 × 6

⑤ 53 × 7　⑥ 38 × 6　⑦ 47 × 7　⑧ 74 × 8

⑨ 19 × 8　⑩ 46 × 7　⑪ 25 × 9　⑫ 32 × 6

めいろは，答えの大きい方をとおりましょう。とおった方の答えを下の□に書きましょう。

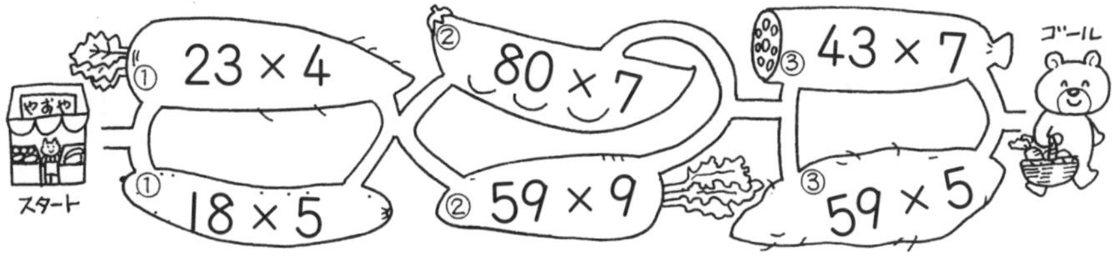

①□　②□　③□

かけ算の筆算 1 (7)

3けた×1けた　くり上がりなし

名前

①

	2	3	1
×			3

②

	4	0	4
×			2

③

	3	2	4
×			2

④

	3	1	4
×			2

⑤

	2	3	2
×			3

⑥

	4	2	3
×			2

⑦

	4	2	4
×			2

⑧

	3	2	4
×			2

⑨

	1	3	2
×			3

⑩

	2	2	4
×			2

⑪

	1	1	3
×			3

⑫

	3	1	2
×			2

かけ算の筆算 1 (8)

3けた×1けた　くり上がり1回

名前

① 335 × 2

② 208 × 3

③ 246 × 2

④ 326 × 3

⑤ 293 × 3

⑥ 160 × 6

⑦ 219 × 2

⑧ 438 × 2

⑨ 364 × 2

めいろは，答えの大きい方をとおりましょう。とおった方の答えを下の□に書きましょう。

①□　②□　③□

かけ算の筆算1（9）

名前

3けた×1けた　くり上がり2回

①

	2	3	3
×			4

②

	3	0	7
×			8

③

	1	6	3
×			6

④

	3	5	6
×			2

⑤

	2	1	8
×			7

⑥

	1	3	7
×			6

⑦

	5	3	6
×			7

⑧

	1	7	7
×			4

⑨

	3	1	6
×			4

⑩

	2	3	4
×			3

⑪

	1	2	6
×			4

⑫

	4	0	5
×			6

かけ算の筆算1（10）

名前

3けた×1けた　くり上がり2回

① 236 × 4　　② 115 × 8　　③ 227 × 4

④ 207 × 8　　⑤ 358 × 2　　⑥ 432 × 4

⑦ 236 × 3　　⑧ 681 × 8　　⑨ 356 × 2

めいろは，答えの大きい方をとおりましょう。とおった方の答えを下の□に書きましょう。

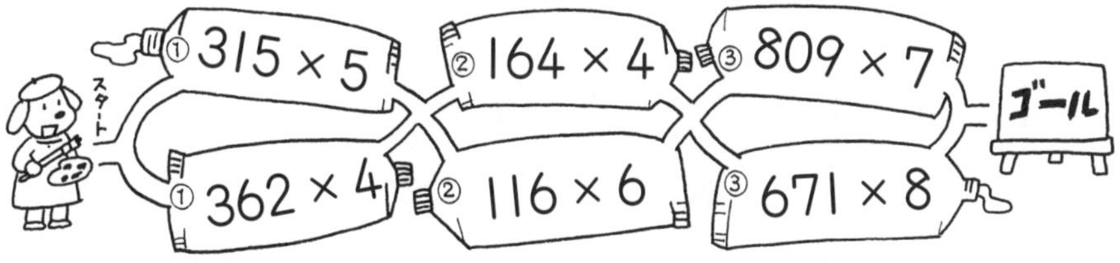

①　　②　　③

かけ算の筆算 1 （11）

名前

3けた×1けた　くり上がり3回

①

	4	3	8
×			6

②

	6	2	7
×			8

③

	5	6	7
×			6

④

	7	2	9
×			7

⑤

	3	4	6
×			7

⑥

	1	6	5
×			8

⑦

	4	3	6
×			6

⑧

	9	7	7
×			4

⑨

	6	3	4
×			3

⑩

	1	8	4
×			6

⑪

	2	6	7
×			8

⑫

	3	3	6
×			3

かけ算の筆算 1 （12）

名前

3けた×1けた　くり上がり3回

① 279 × 4

② 367 × 6

③ 436 × 3

④ 728 × 4

⑤ 694 × 3

⑥ 884 × 6

⑦ 763 × 8

⑧ 587 × 7

⑨ 335 × 6

めいろは，答えの大きい方をとおりましょう。とおった方の答えを下の□に書きましょう。

①　□　②　□　③　□

かけ算の筆算1 (13)

3けた×1けた　いろいろな型

名前

① 625 × 8

② 304 × 3

③ 129 × 8

④ 148 × 7

⑤ 229 × 9

⑥ 167 × 6

⑦ 816 × 4

⑧ 588 × 9

⑨ 174 × 4

⑩ 444 × 7

⑪ 238 × 9

⑫ 118 × 6

かけ算の筆算1 (14)

めいろ

名前

● 答えの大きい方へすすみましょう。
とおった方の答えを□に書きましょう。

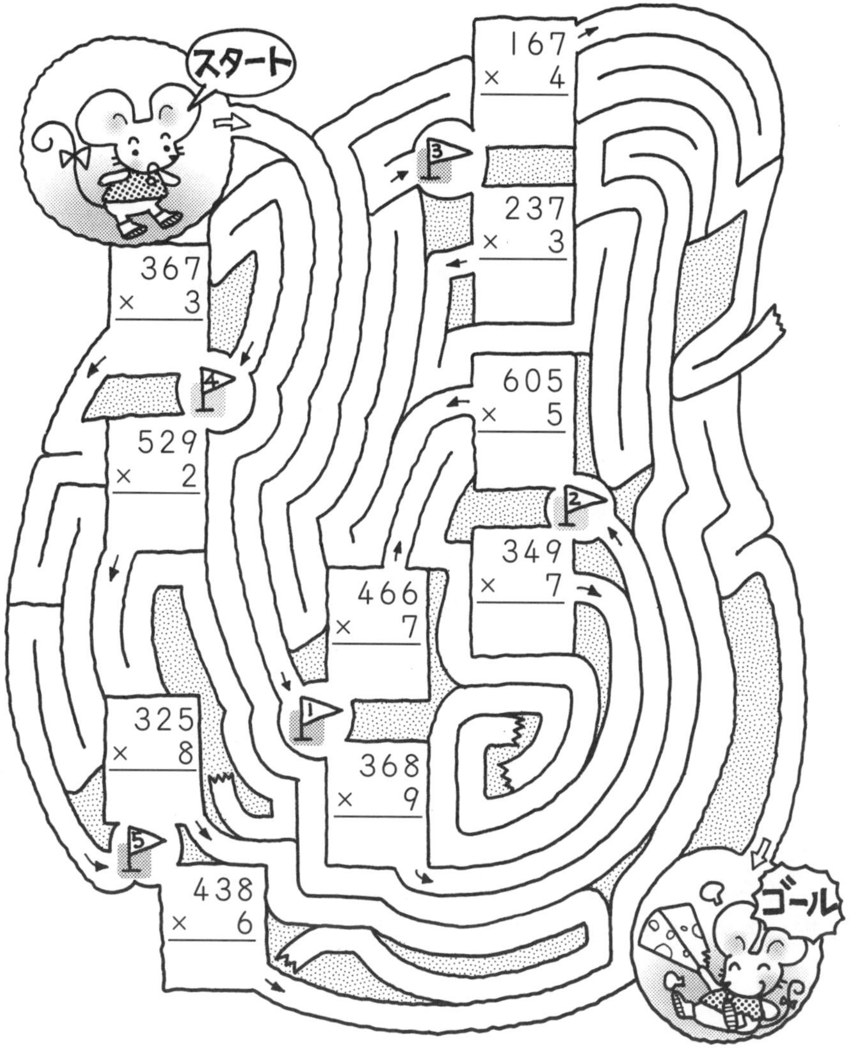

1 □　2 □　3 □　4 □　5 □

かけ算の筆算 1 （15）

文章題①

名前

1　1箱《はこ》に，チョコレートが 28 こずつ入っています。4 箱では，チョコレートは全部《ぜんぶ》で何こ入っていますか。

式

答え

2　1 パックに，いちごが 18 こずつ入っています。9 パックあると，いちごは全部で何こあるでしょうか。

式

答え

3　みうさんは，毎日 48 ページずつ本を読みます。1 週間（7 日）読むと，本を何ページ読めるでしょうか。

式

答え

4　子どもが 8 人います。1 人に 15 まいずつ，色紙を配《くば》ります。色紙は全部で何まいいるでしょうか。

式

答え

かけ算の筆算 1 （16）

文章題②

名前

1　バスが 8 台あります。1 台に 27 人ずつ乗《の》ると，全部《ぜんぶ》で何人になるでしょうか。

式

答え

2　1 ふくろに，38 このあめを入れます。ふくろを 6 ふくろ作ると，あめは何こいるでしょうか。

式

答え

3　サッカーのしあいに，9 チーム集《あつ》まりました。1 チーム 15 人です。全部で何人になりますか。

式

答え

4　1 こ 48 円の消《け》しゴムを 5 こと，1 本 75 円のえんぴつを 8 本買いました。代金は，全部でいくらでしょうか。

式

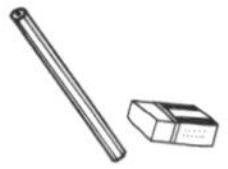

答え

ふりかえりテスト　かけ算の筆算 1

名前

1 筆算《ひっさん》になおして計算しましょう。(4×15)

① 32×3　② 18×5　③ 56×9　④ 67×3　⑤ 47×2

⑥ 94×2　⑦ 50×9　⑧ 66×7　⑨ 86×2　⑩ 78×4

⑪ 348×6　⑫ 408×7　⑬ 587×7　⑭ 178×6　⑮ 261×9

2 98円のノートを，8さつ買いました。代金はいくらですか。(10)

式

答え

3 9人に，1人58cmずつ，リボンを配《くば》ります。全《ぜん》部《ぶ》でリボンは何cmいるでしょうか。(10)

式

答え

4 1つの辺《へん》が17cmの正方形の，まわりの長さは何cmですか。(10)

式

答え

5 1箱《はこ》におり紙が150まい入った箱が5箱と，1箱におり紙が75まい入った箱が5箱あります。おり紙は全部で何まいありますか。(10)

式

答え

円と球（1）

名前

□1 次《つぎ》の図をみて，（　　）にあうことばを書きましょう。

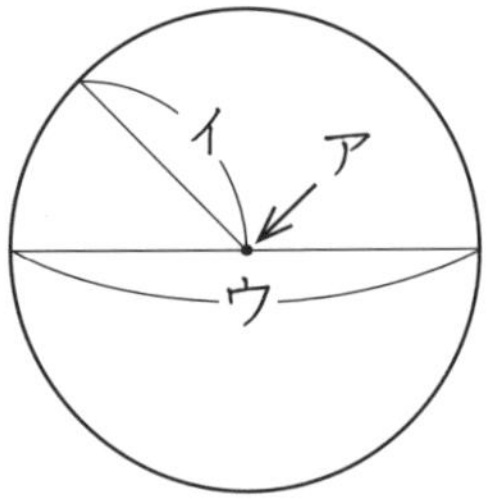

① 図のように，１つの点から同じ長さになるように書いたまるい形を（　　　　　）といいます。

② まん中の点アを（　　　　　）といいます。

③ まん中の点から円のまわりまでひいた直線イを（　　　　　）といいます。

④ まん中の点を通って，円のまわりからまわりまでひいた直線ウを（　　　　　）といいます。

⑤ （　　　　　）は，半径《けい》の２倍《ばい》の長さです。

□2 下の円の，半径と直径の長さを調《しら》べましょう。

①

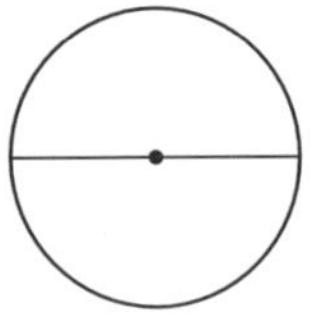

半径（　　　）cm

直径（　　　）cm

②

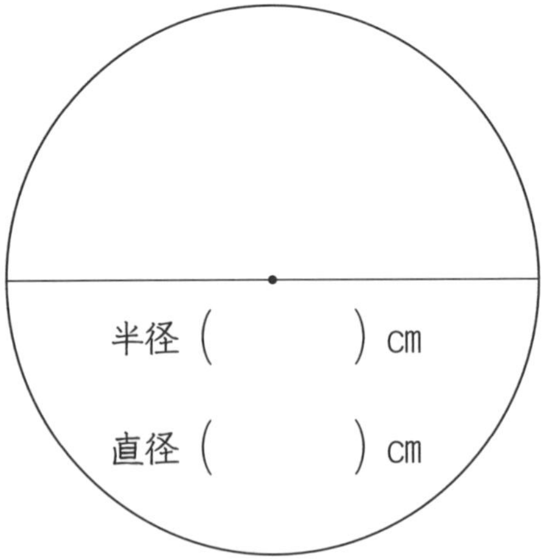

半径（　　　）cm

直径（　　　）cm

円と球（2）

名前

□1 下の図で，直径《けい》はどれでしょうか。

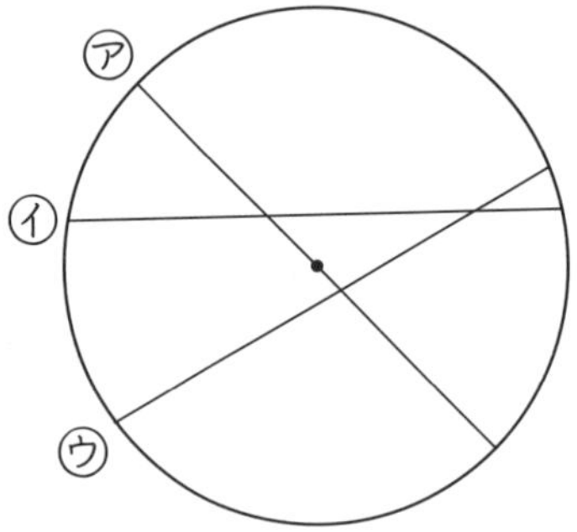

（　　　　　）

□2 コンパスを使《つか》って，円をかきましょう。

① 半径 3cm の円　　② 半径 4cm の円

円と球（3）

名前

● コンパスを使《つか》って，円をかきましょう。

① 直径《けい》 4cm の円　　② 直径 6cm の円

③ 同じ点を中心にして，半径 3cm と半径 4cm の円をかきましょう。

円と球（4）

名前

1 イ・ウ・エの点を中心にして，半径《けい》 2cm の円を 3 つかきましょう。

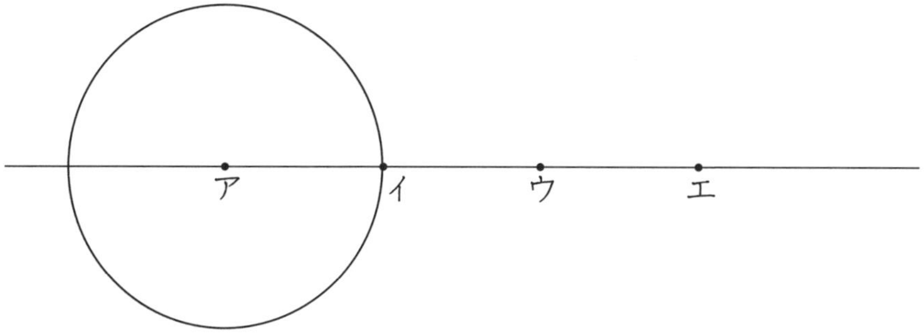

2 コンパスを使《つか》って，次《つぎ》のようなもようをかきましょう。

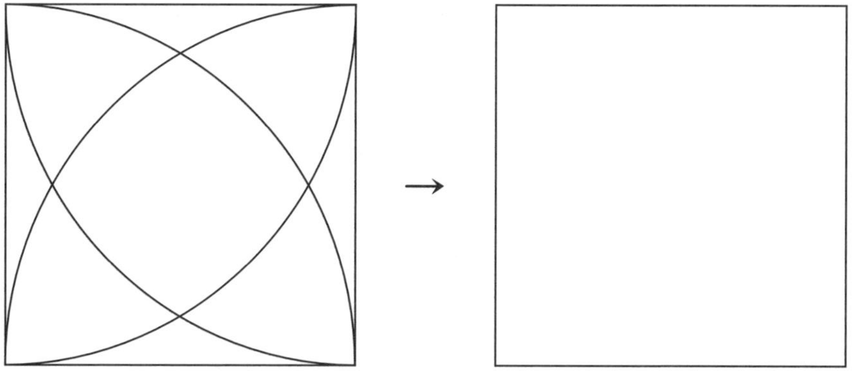

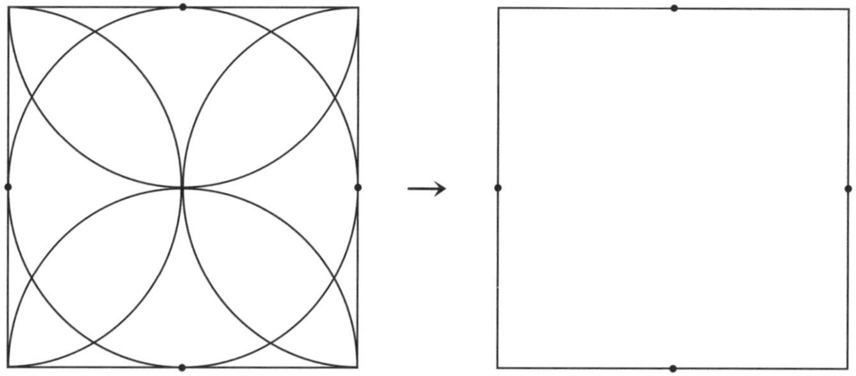

円と球 (5)

名前

□1 下の４つの直線で，いちばん長いのはどれでしょうか。
コンパスを使《つか》って，調《しら》べましょう。

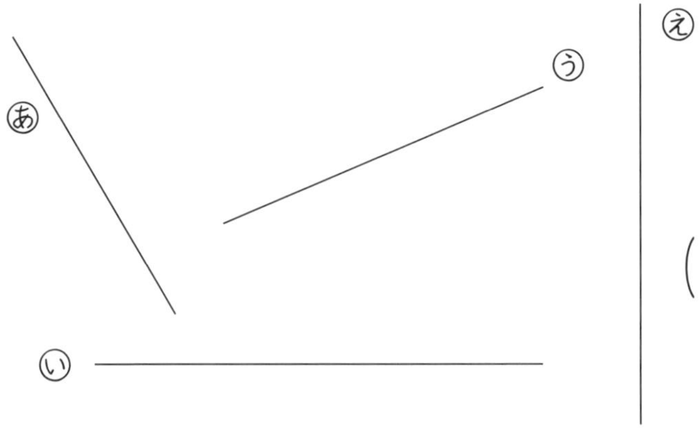

（　　　　）

□2 下の線を，3cm と 4cm に区切りましょう。

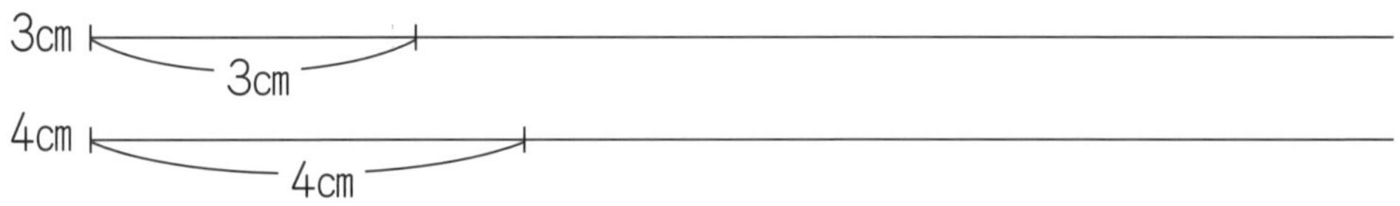

□3 ㋐と㋑の図形のまわりの長さは，どちらが長いでしょう。
コンパスを使って，うつしとって調べましょう。

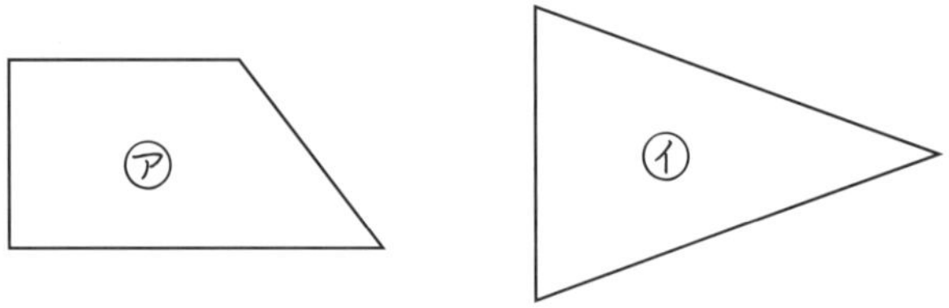

㋐

㋑

（　　　　）のほうが長い

円と球 (6)

名前

□1 下の図は球《きゅう》をまん中で半分に切ったところです。
（　　）に名前を書きましょう。

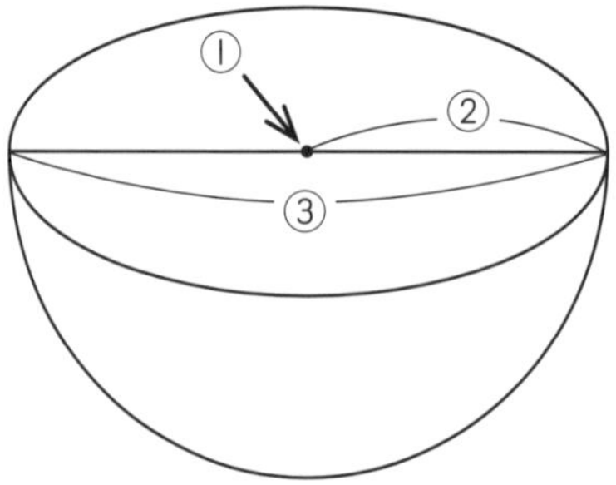

① （　　　　）

② （　　　　）

③ （　　　　）

□2 下の図のように球を切ると，切り口はどんな形をしていますか。

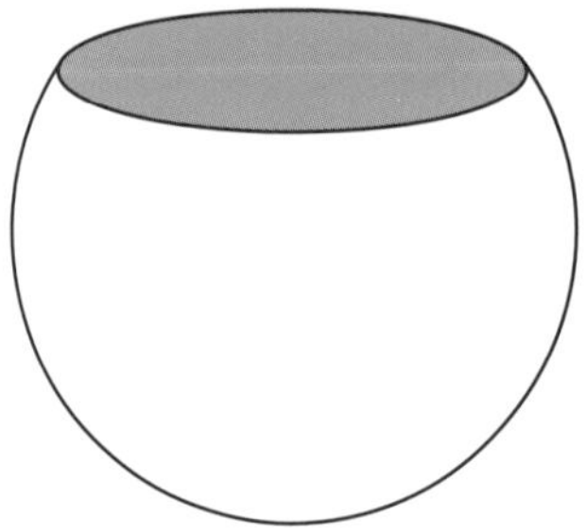

① （　　　　）

② 切り口がいちばん大きいのは，
どのように切ったときでしょうか。

（　　　　）を通って切ったとき。

□3 箱《はこ》の中に，直径《けい》 6cm の球がぴったりと入っています。
箱の内がわの，たてと横《よこ》の長さをもとめましょう。

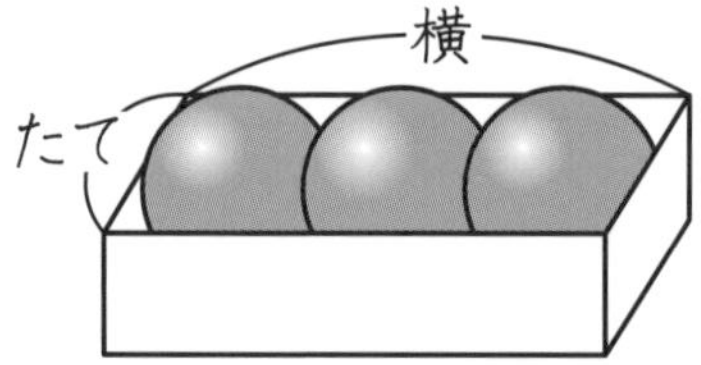

たて （　　　　）cm

横 （　　　　）cm

ふりかえりテスト　円と球

名前

1　下の図をみて，答えましょう。(4×5)

① ア，イ，ウの名前を書きましょう。

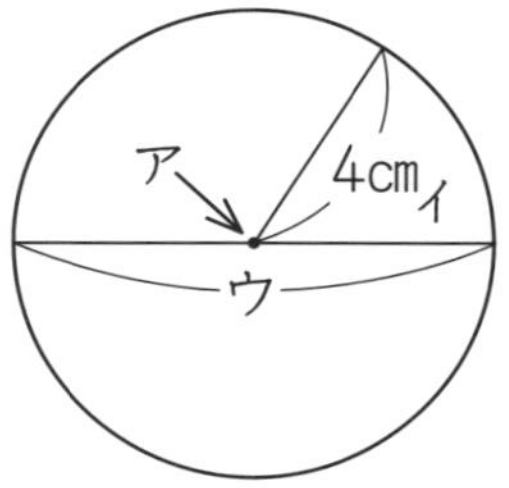

ア（　　　　）
イ（　　　　）
ウ（　　　　）

②（　）の中にあうことばを入れましょう。

直径《けい》は（　　　　　　）の２倍《ばい》です。

上の円の直径は（　　　　）cmです。

2　コンパスを使《つか》って，円をかきましょう。(10×3)

① 半径２cmの円

② 直径４cmの円　　③ 直径５cmの円

3　どちらの線が長いでしょうか。コンパスで下の直線にうつして，調べましょう。(10)

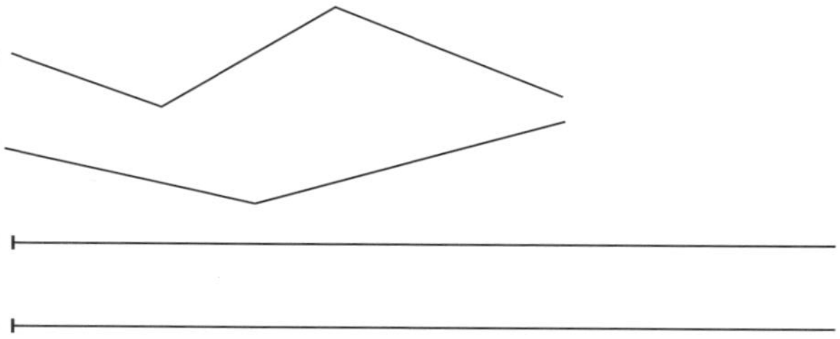

（　　　）のほうが長い

4　下の図は，球《きゅう》をまん中で半分に切ったところです。(　　)に名前を書きましょう。(4×5)

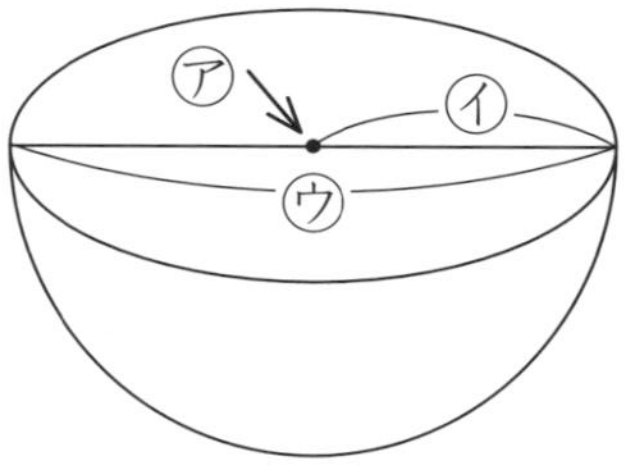

㋐（　　　　）
㋑（　　　　）
㋒（　　　　）

上の球の切り口の形は（　　　　）です。

切り口がいちばん大きいのは

（　　　　）を通って切ったときです。

5　箱《はこ》の中に，直径３cmの球がぴったりと入っています。箱の中の内がわの，たてと横《よこ》は何cmでしょうか。(2×5)

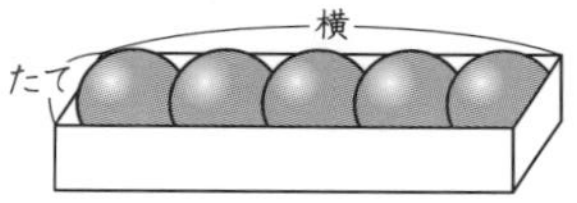

たて（　　　　）cm

横（　　　　）cm

6　コンパスを使って，次《つぎ》のようなもようをかきましょう。(10)

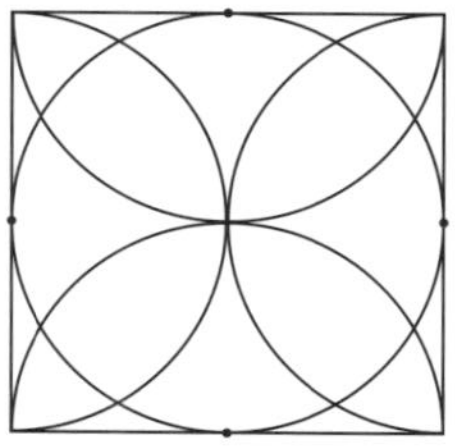

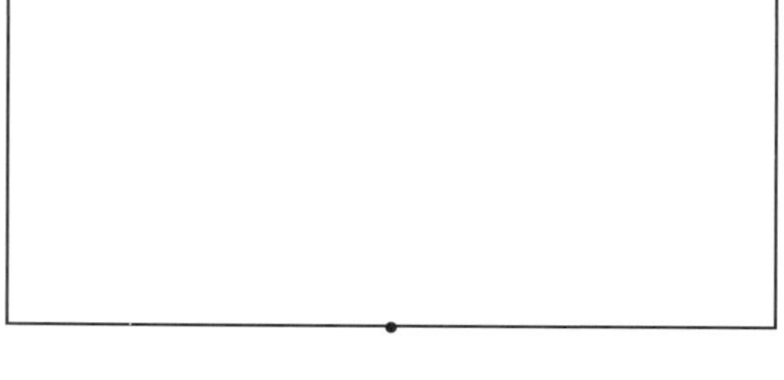

小数（1）

名前

□1 次《つぎ》の入れものに入っている水のかさは，何 dL でしょうか。

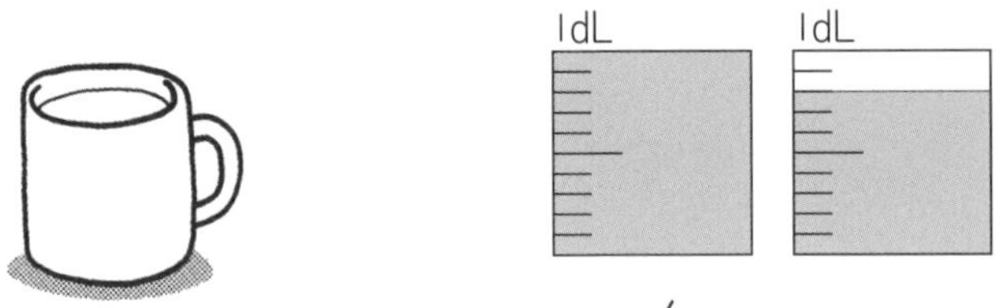

（　　　　　）dL

1dL を10等分した1つ分は0.1dL です。

□2 次のかさは何 dL でしょうか。

①
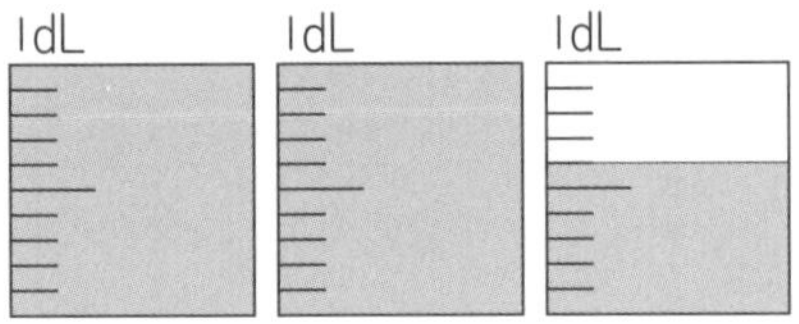

（　　　　　）dL

②
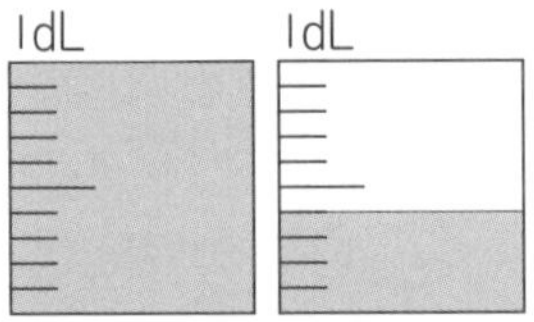

（　　　　　）dL

③
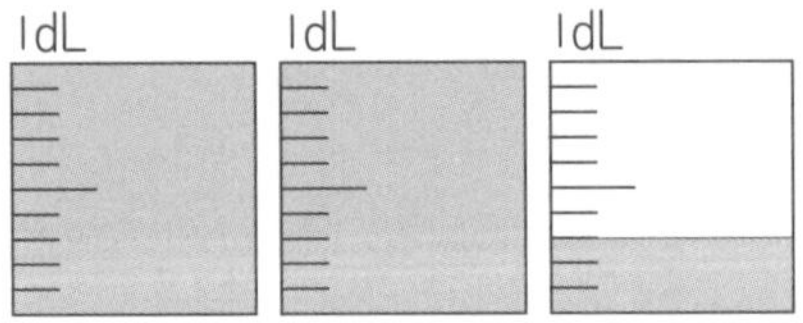

（　　　　　）dL

④
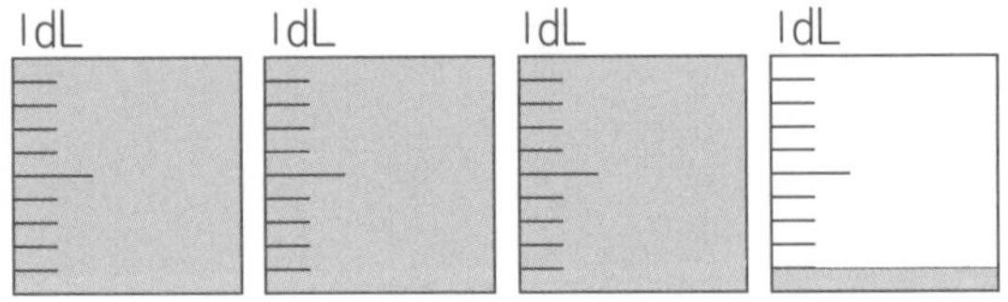

（　　　　　）dL

小数（2）

名前

□1 下のますに，小数で表《あらわ》されたかさの分だけ，色をぬりましょう。

① 2.5L
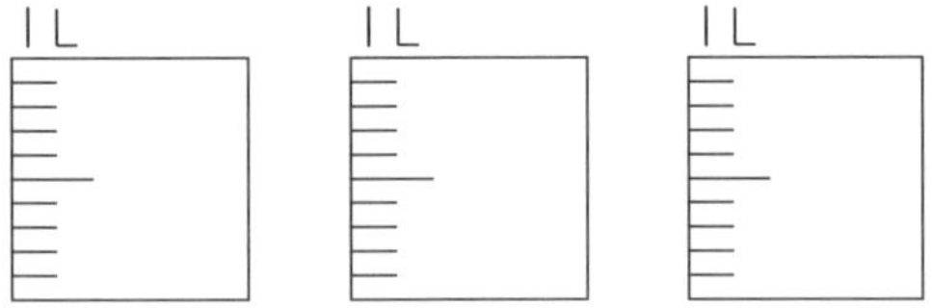

② 0.7L
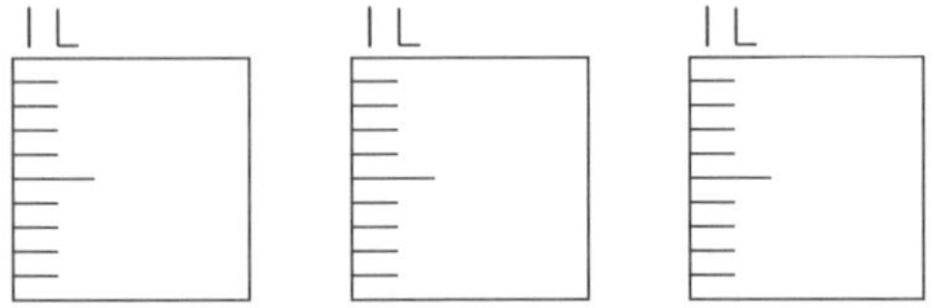

③ 1.6L
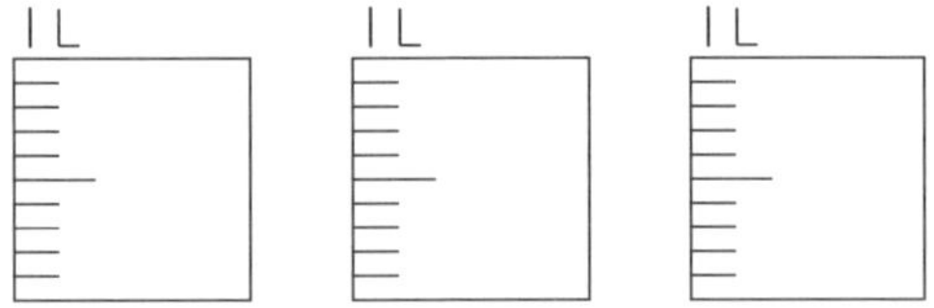

④ 0.6L
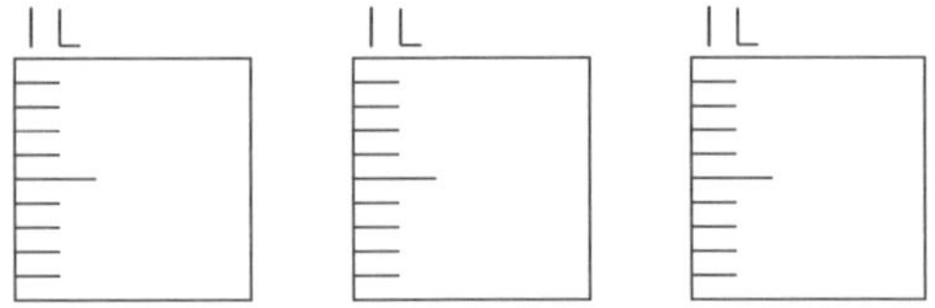

□2 下の数直線で，①～④は何 dL を表しているでしょうか。

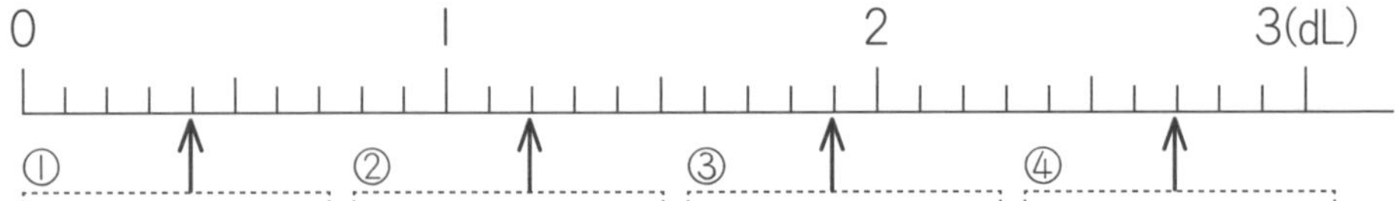

小数 (3)

名前

1 次《つぎ》の長さを，小数で表《あらわ》しましょう。

①

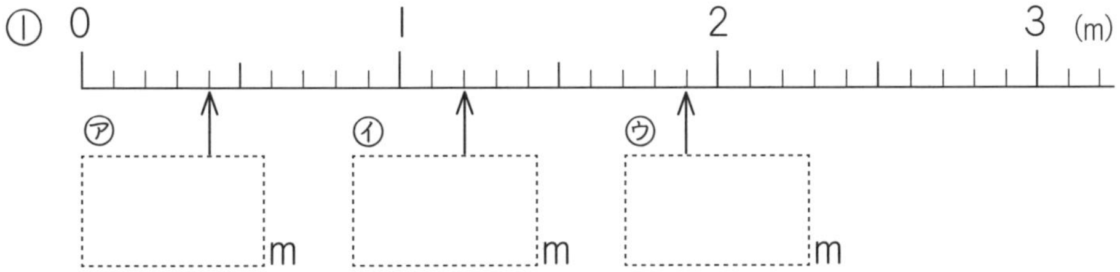

②

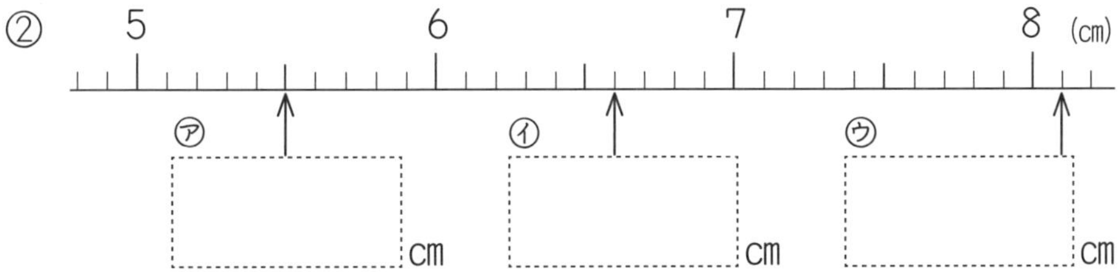

2 下の数直線で調《しら》べましょう。

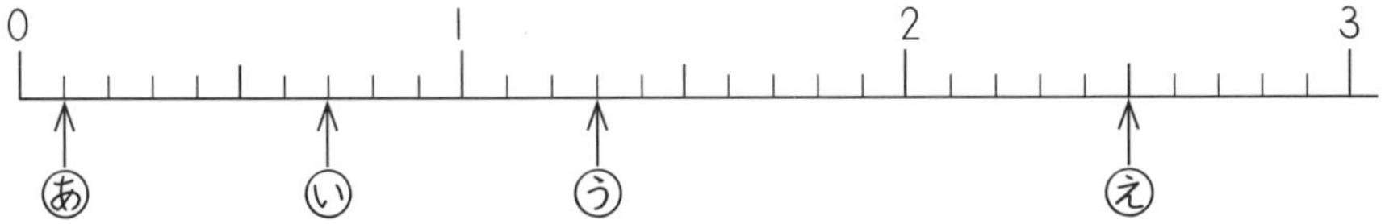

① あ～えの↑が表している小数を，下の表に書きましょう。

② あ～えの小数は，それぞれ 0.1 の何こ分でしょうか。

	あ	い	う	え
小　数				
0.1の何こ分	(　　)こ分	(　　)こ分	(　　)こ分	(　　)こ分

小数 (4)

名前

1 ↑の表《あらわ》している数を書きましょう。

①

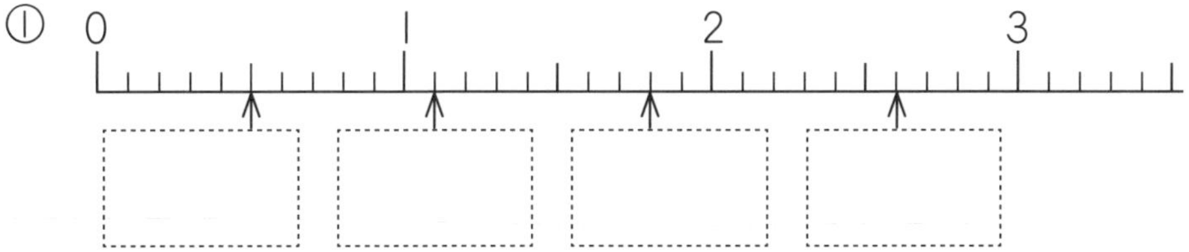

②

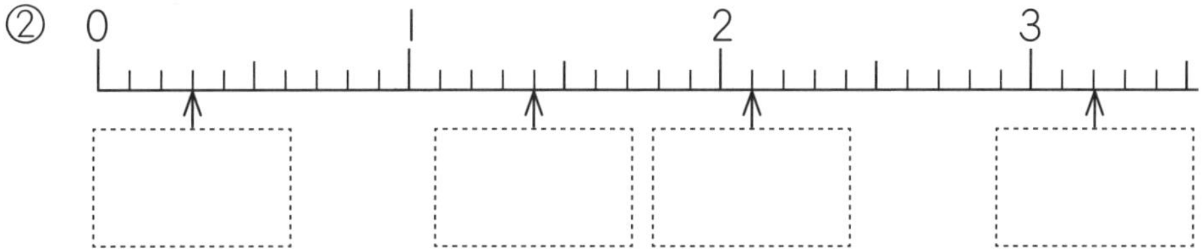

2 次《つぎ》の□にあてはまる数を書きましょう。

① 0.7 は 0.1 を □ こ集《あつ》めた数です。

② 3.4 は 0.1 を □ こ集めた数です。

③ 4.8 は 1 を 4 こと，0.1 を □ こあわせた数です。

④ 0.1 を 26 こ集めた数は □ です。

3 □に不等号《ふとうごう》(＞，＜) を書きましょう。

① 1.3 □ 1.5　　② 4 □ 4.1

③ 0 □ 0.1　　④ 9 □ 0.9

小数（5）

小数のたし算

名前

① 5.3+4.4　② 5.2+3　③ 3.5+0.5　④ 1.4+2.8

⑤ 1.5+4.4　⑥ 3.2+0.6　⑦ 1.3+2.6　⑧ 1.5+3.2

⑨ 8.5+0.2　⑩ 2.4+3.3　⑪ 2+1.4　⑫ 2.5+7.2

⑬ 6.6+2.4　⑭ 4.3+3.5　⑮ 4.2+2.5　⑯ 5.4+3.6

小数（6）

小数のたし算

名前

① 2.4+4.6　② 7.5+1.8　③ 0.6+2.7　④ 1.9+3.5

⑤ 5.5+3　⑥ 1.9+7.3　⑦ 3.5+5.8　⑧ 4.7+0.6

⑨ 3.6+5.7　⑩ 1.6+8.4　⑪ 7+1.7　⑫ 3.9+4.6

めいろは，答えの大きい方をとおりましょう。とおった方の答えを下の□に書きましょう。

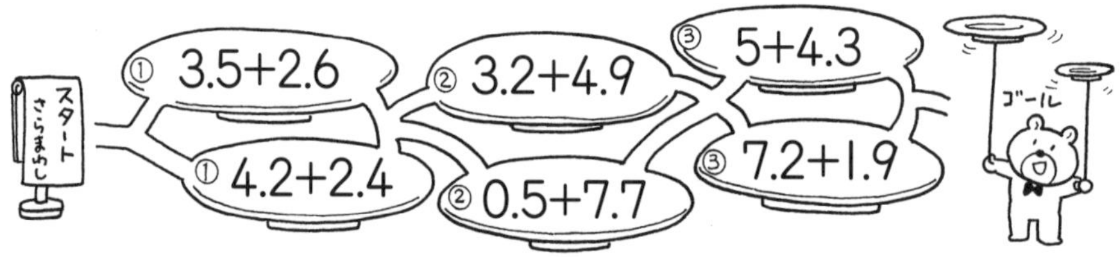

①　　②　　③

小数（7）
小数のひき算

名前

① 3.9−2.7　② 7.6−3.4　③ 5.6−0.2　④ 0.8−0.3

⑤ 8.2−7.1　⑥ 2−1.5　⑦ 1.2−0.2　⑧ 6.6−2.8

⑨ 3.5−1.6　⑩ 4.2−3.7　⑪ 9.9−1　⑫ 5−2.3

⑬ 9.6−6.6　⑭ 1.5−0.9　⑮ 8.5−7.7　⑯ 3.2−2.3

小数（8）
小数のひき算

名前

① 2.7−1.4　② 0.6−0.4　③ 3.4−1.2　④ 1−0.3

⑤ 4.3−2.9　⑥ 7.3−4.5　⑦ 3.2−1.8　⑧ 2.5−2

⑨ 1.5−0.7　⑩ 6−0.6　⑪ 5.5−1.8　⑫ 3−1.2

めいろは，答えの大きい方をとおりましょう。とおった方の答えを下の□に書きましょう。

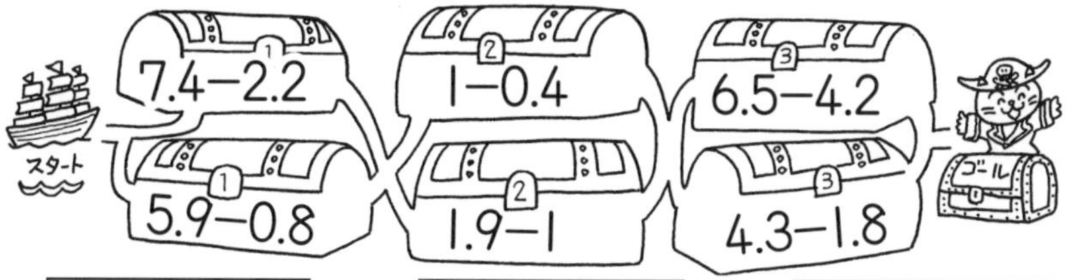

①　②　③

小数（9）

小数のたし算・ひき算

名前

① 2.5+0.4　② 3.9+1.7　③ 4.3+2　④ 5.6+0.4

⑤ 4.2+1.8　⑥ 2.6+0.8　⑦ 3.9+2.9　⑧ 6+0.8

⑨ 4.2−1.5　⑩ 3.3−0.8　⑪ 1.5−0.6　⑫ 8.2−6.2

⑬ 5−0.6　⑭ 7.3−2.5　⑮ 0.4−0.2　⑯ 4.6−4

小数（10）

文章題

名前

1　赤いひもは，2.8m あります。青いひもは，3.2m あります。どちらのひもが，何 m 長いでしょうか。

式

答え

2　4.5m のテープを，1.6m 切って使《つか》いました。のこりのテープは，何 m でしょうか。

式

答え

3　なおとさんは，走りはばとびで 2.7m とびました。りょうさんは，なおとさんより 0.4m 多くとびました。
りょうさんは，何 m とんだのでしょうか。

式

答え

4　まきさんが麦茶を0.5L飲《の》んだところ,のこりは 0.9Lになりました。麦茶は，はじめに何 L あったのでしょうか。

式

答え

ふりかえりテスト 小数

名前

1 次《つぎ》のかさの分だけ色をぬりましょう。(3×2)

① 1.3L　② 0.7L

2 □に不等号《ふとうごう》(＞, ＜)を書きましょう。(3×4)

① 2.9 □ 3.2　② 8.9 □ 9.8

③ 4.9 □ 5.1　④ 0.1 □ 0

3 次の□にあてはまる数を書きましょう。(2×4)

① 1.8は0.1を □ こ集《あつ》めた数です。

② 0.1を35こ集めた数は □ です。

③ 6.2は1を □ こと，0.1を □ こあわせた数です。

4 ↑の表《あらわ》している数を書きましょう。(2×3)

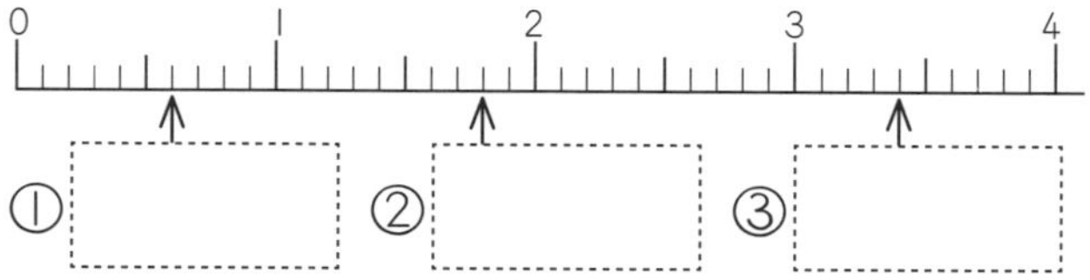

5 下の数直線に，①～⑤の数を↑で書き入れましょう。(2×5)

① 0.3　② 1.2　③ 2.1　④ 2.9　⑤ 3.5

6 次の□にあてはまる数を書きましょう。(3×4)

① 5dLと □ dLで，5.8dL。

② 2.6dLは，0.1dLが □ こ分。

③ 2mと0.7mで， □ m。

④ □ mは，0.1mが34こ分。

7 次の計算を筆算《ひっさん》でしましょう。(5×6)

① 1.2+3.3　② 3.6+2.7　③ 0.4+8

① 4.8−3.8　② 9.2−5.6　③ 6−0.1

8 ひかるさんは，リボンを5.4mもっています。まいさんは，3.8mもっています。

① 2人のリボンをあわせると，何mになるでしょうか。(8)

式

答え

② どちらが，リボンを何m多くもっているでしょうか。(8)

式

答え

重さ (1)

名前

重《おも》さのたんいには，グラムがあります。1グラムを1g と書きます。
1円玉1この重さは1g です。

1g

□1 1円玉ではかりました。何gでしょうか。

①
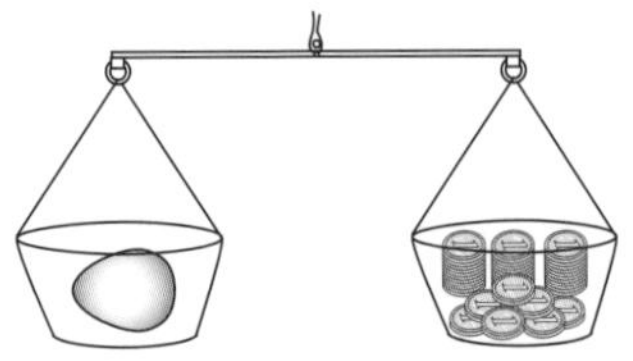

たまご　(　　)g　　1円玉 37まい

②
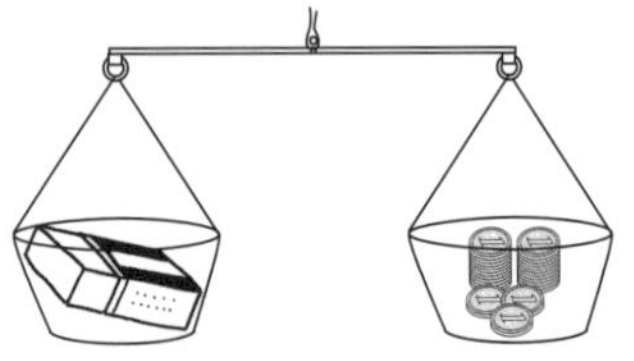

消《け》しゴム　(　　)g　　1円玉 23まい

□2 何gでしょうか。

①
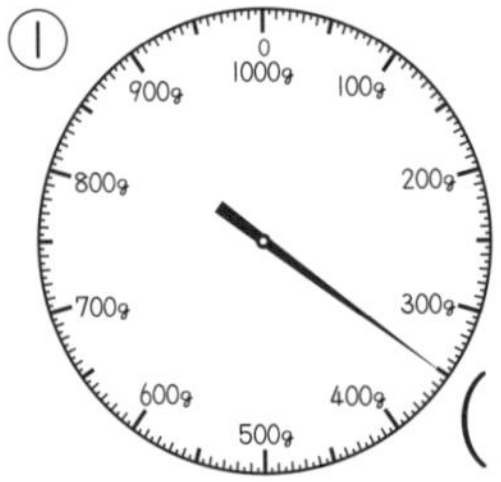

(　　　)g

②

(　　　)g

③
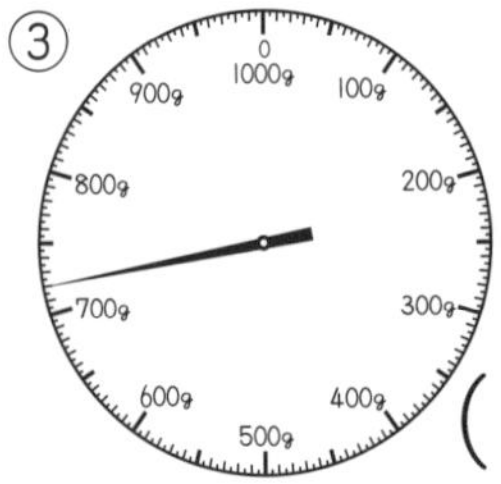

(　　　)g

④
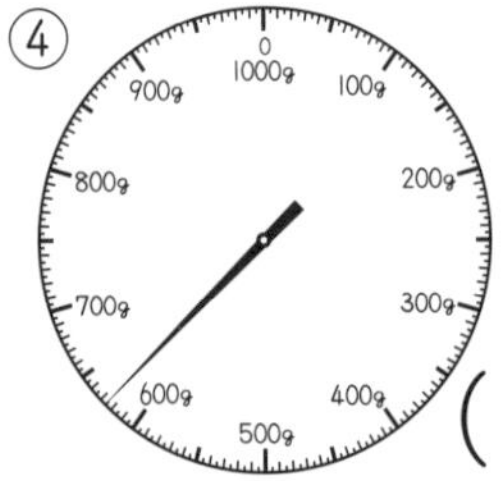

(　　　)g

重さ (2)

名前

1000g を1キログラムといい，1kg と書きます。
1kg = 1000g
水 1L の重《おも》さは，1kg です。

1kg

● 次《つぎ》のはかりをみて，答えましょう。

① ㋐，㋑は何kg何gでしょうか。また，何gでしょうか。

㋐

㋑

㋐ (　　)kg (　　　)g　　㋑ (　　)kg (　　　)g

㋐ (　　　)g　　㋑ (　　　)g

② ㋒，㋓のはかりに，はりをかき入れましょう。

㋒
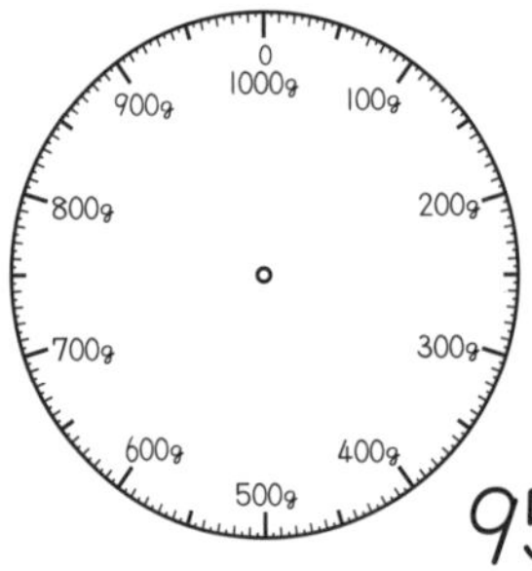

950g

㋓
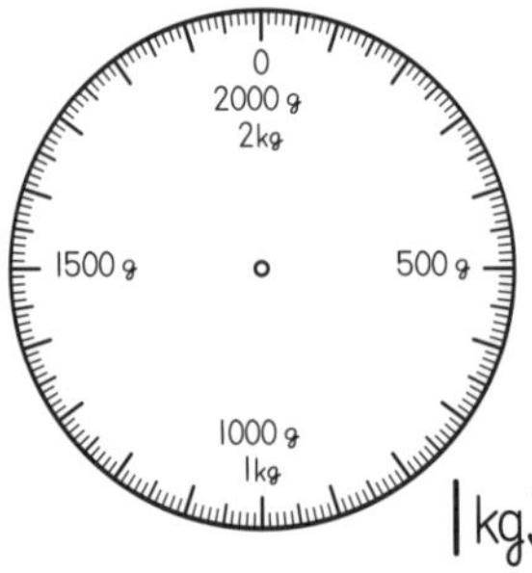

1kg300g

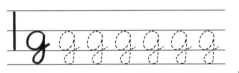

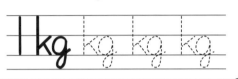

重さ（3）

名前 ＿＿＿＿＿＿＿＿＿＿

とても重《おも》いものの重さを表《あらわ》すたんいに，
t（トン）があります。
1t = 1000kg です。

1t　t　t　t

1　次《つぎ》の□にあてはまる数を書きましょう。

① 2kg = □ g　　② 5000kg = □ t

2　（　）にあてはまる重さのたんいを書きましょう。

① カバの体重《たいじゅう》　3（　　）

② ふでばこ 1 この重さ　250（　　）

③ すいか 1 玉の重さ　4（　　）

3　（　）にあてはまる数字を書きましょう。

① 3650g =（　　）kg（　　）g

② 7065g =（　　）kg（　　）g

③ 5kg600g =（　　）g

④ 2kg40g =（　　）g

⑤ 7000kg =（　　）t　　⑥ 6 t =（　　）kg

重さ（4）

名前 ＿＿＿＿＿＿＿＿＿＿

1　次《つぎ》の（　）にあてはまる数を書きましょう。

① 700g + 800g =（　　）g，（　）kg（　　）g

② 1kg200g + 800g =（　　）kg

③ 1kg600g − 300g =（　　）kg（　　）g

④ 1kg − 400g =（　　）g

⑤ 1kg200g − 500g =（　　）g

2　次の□にあう数やことばを書きましょう。

① 1 円玉 1 この重《おも》さは □ gです。

② 水 1 L の重さは □ kgです。

③ 重さを表《あらわ》すたんいには，mg，□，□，tがあります。

④ かさが同じでも，そのざいりょうによって
重さが □ ます。

⑤ 5 L = □ gです。

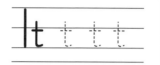

重さ（5）
文章題①

名前

1　重《おも》さ400gの箱《はこ》に，かきを1kg600g入れました。重さはあわせて何kgでしょうか。

式

答え

2　小麦こが，1ふくろに1kg900g入っています。ケーキをやくのに，500g使《つか》いました。のこっている小麦こは何kg何gでしょうか。

式

答え

3　めいさんは，さつまいもを2kg600gほりました。たいきさんは，めいさんより700g多くほりました。たいきさんは，何kg何gほったでしょうか。

式

答え

重さ（6）
文章題②

名前

1　重《おも》さ600gの箱《はこ》に，みかんを入れると3kgになりました。みかんは，何kg何gでしょうか。

式

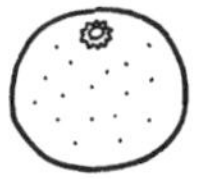

答え

2　水そうに水を3L（3kg）入れると，全部《ぜんぶ》の重さが8kg700gになりました。水そうの重さは，何kg何gでしょうか。

式

答え

3　ランドセルに2kg100gの教科書やノートを入れて重さをはかると，3kg300gありました。ランドセルの重さは，何kg何gでしょうか。

式

答え

ふりかえりテスト　重さ

名前

1　1円玉ではかりました。何gでしょうか。(2×2)

①

のり　(　　　)g　　1円玉 43まい

②

セロハンテープ　(　　　)g　　1円玉 27まい

2　次《つぎ》のはかりのさしている重《おも》さを（　）に書き入れましょう。(4×4)

①

(　　　)g

②

(　　)kg(　　　)g
(　　　)g

③

(　　)kg(　　　)g
(　　　)g

④
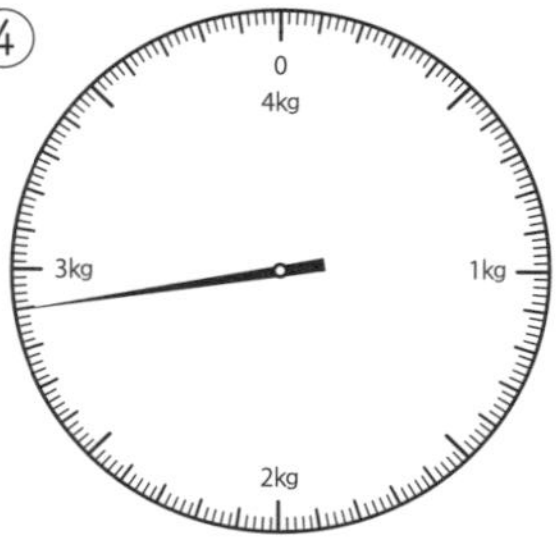

(　　)kg(　　　)g
(　　　)g

3　（　）にあてはまる重さのたんい（g，kg，t）を書きましょう。(4×5)

① みかん1この重さ　150（　　）
② 子ども1人の体重《たいじゅう》　35（　　）
③ 教科書の重さ　250（　　）
④ ぞう1頭の重さ　4（　　）
⑤ 自《てん》転車1台の重さ　12（　　）

4　（　）に数を書きましょう。(4×6)

① 2kg = (　　　)g
② 9000kg = (　　)t
③ 4kg600g = (　　　)g
④ 2kg30g = (　　　)g
⑤ 3800g = (　　)kg(　　　)g
⑥ 6050g = (　　)kg(　　　)g

5　計算をしましょう。(5×4)

① 700g + 400g = (　)kg(　　　)g
② 3kg100g + 900g = (　　)kg
③ 1kg800g − 200g = (　)kg(　　　)g
④ 1kg300g − 900g = (　　　)g

6　重さ400gの箱《はこ》に，りんごを1kg800g入れました。重さは，何kg何gですか。また，それは何gですか。(8)

式

答え　　kg　　g，　　g

7　お米が，ふくろに3kg入っていました。ごはんをたいたら，のこりは2kg600gになりました。お米をどれだけたいたのでしょうか。(8)

式

答え

分数（1）

名前

□1 下の ▭ の長さを分数で表《あらわ》しましょう。

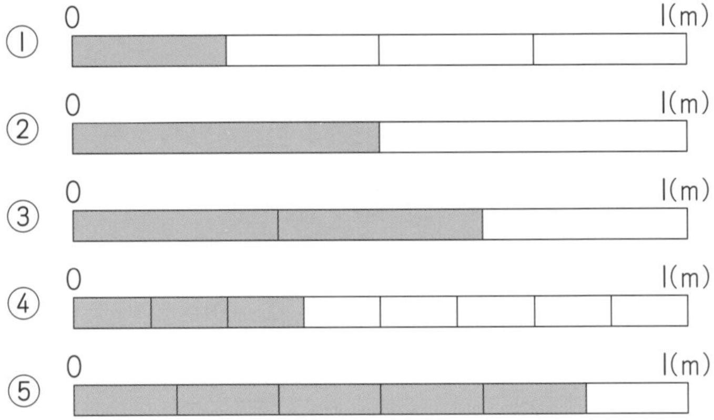

① (　　　　)m
② (　　　　)m
③ (　　　　)m
④ (　　　　)m
⑤ (　　　　)m

□2 次《つぎ》の長さだけ色をぬりましょう。

① $\frac{1}{3}$m
② $\frac{2}{5}$m
③ $\frac{7}{8}$m

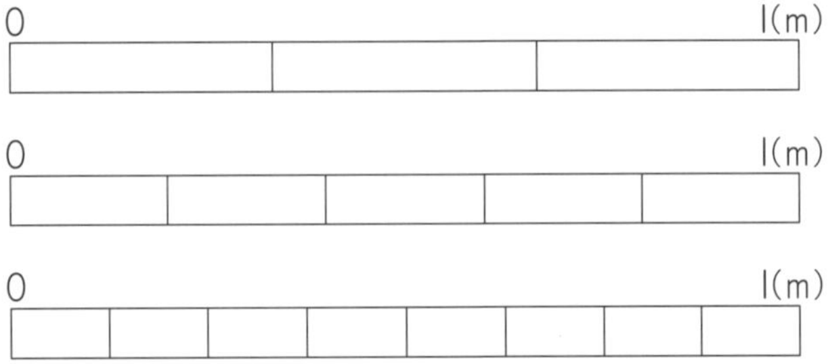

□3 下の問《と》いに答えましょう。

① 1mを3等分《とうぶん》した1こ分の長さ (　　　　)m

② 6こ分で1mになる，はした5こ分の長さ (　　　　)m

③ 4こ分で1mになる，はした3こ分の長さ (　　　　)m

④ 1Lの水を6等分した3こ分のかさ (　　　　)L

分数（2）

名前

□1 (　　)にあうことばを，下の□からえらんで書きましょう。

$\frac{1}{4}$や$\frac{2}{5}$のような数を (　　　　) といいます。

線の下の数を (　　　　) といい，

線の上の数を (　　　　) といいます。

$\frac{1}{4}$ 1…分けたものを何こ (　　　　) かを表《あらわ》す。
4…もとになる大きさを何こに (　　　　) かを表す。

分けた・分数・分子・集《あつ》めた・分母・はしたの数

□2 1Lますの中に入っている水のかさは何Lでしょうか。

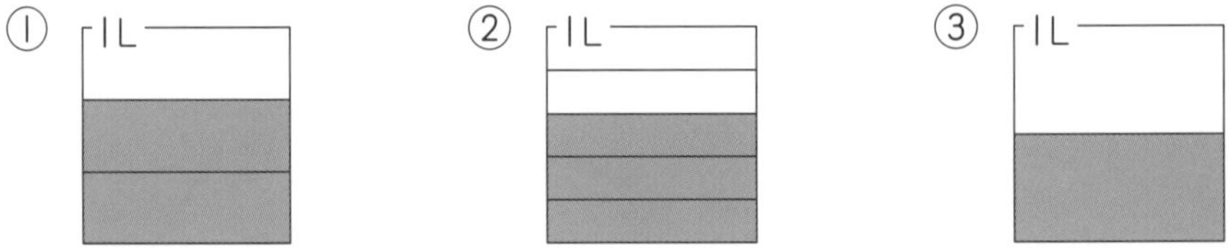

① (　　　　)L　② (　　　　)L　③ (　　　　)L

□3 次《つぎ》の1Lますに，かさの分だけ色をぬりましょう。

① $\frac{3}{4}$L　② $\frac{1}{6}$L　③ $\frac{6}{7}$L

分数（3）

名前

□1　次の㋐～㋓のかさだけ，1Lますに色をぬりましょう。また，下の①～④の（　）にあてはまる数を書きましょう。

㋐ $\frac{1}{4}$L　㋑ $\frac{2}{4}$L　㋒ $\frac{3}{4}$L　㋓ 1L

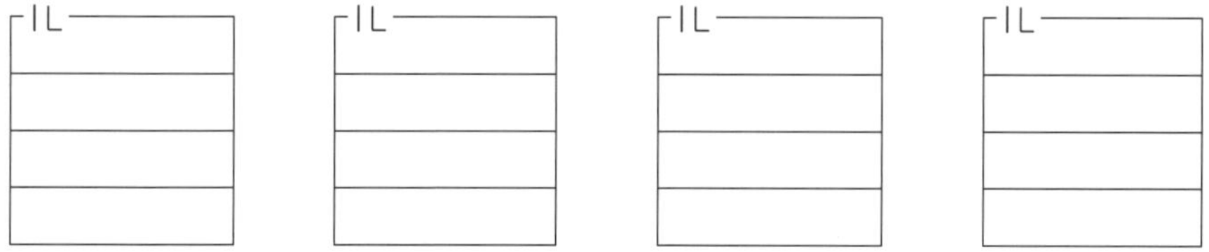

① $\frac{1}{4}$Lの何こ分が，1Lでしょうか。　（　　　）こ分

② 1Lを4等分《とうぶん》した2こ分のかさは，（　　　）Lです。

③ 1L＝$\frac{(\quad)}{4}$Lです。

④ $\frac{3}{4}$Lは，$\frac{1}{4}$Lの（　　　）こ分です。

□2　□に不等号《ふとうごう》（＞，＜）を書きましょう。

① $\frac{3}{6}$m □ $\frac{2}{6}$m　② 1m □ $\frac{4}{5}$m

③ $\frac{1}{4}$L □ 1L　④ 1L □ $\frac{6}{7}$L

□3　□にあてはまる数を書きましょう。

① $\frac{4}{5}$Lは，$\frac{1}{5}$Lの□こ分　② 1Lを4等分した3こ分は$\frac{□}{□}$L

分数（4）

名前

□1　右の図で，それぞれの長さに，左から色をぬり，下の問《と》いに答えましょう。

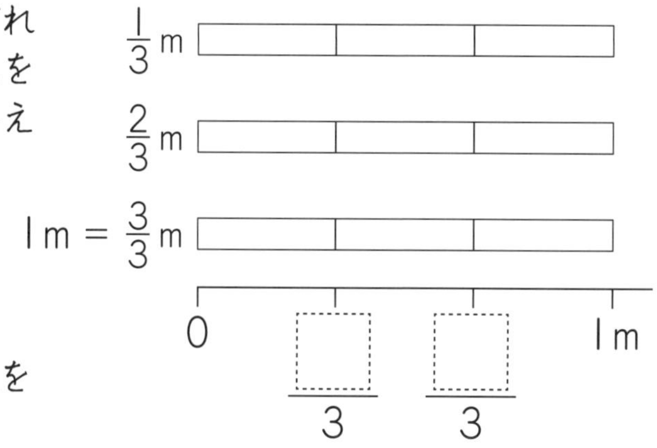

① □にあてはまる数を書きましょう。

② 1mは，$\frac{1}{3}$mの何こ分でしょうか。（　　　）こ分

③ $\frac{1}{3}$mの3つ分は（　　　）mです。

□2　（　）にあてはまる分数を書きましょう。

① 0　$\frac{1}{4}$　（　）　（　）　1m

② 0　（　）（　）　$\frac{3}{8}$　$\frac{4}{8}$　（　）　1m

③ 0　$\frac{1}{10}$　（　）　（　）　1m

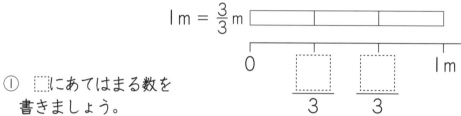

分数 (5)

名前

1　下の数直線の㋐〜㋓にあてはまる分数を書きましょう。

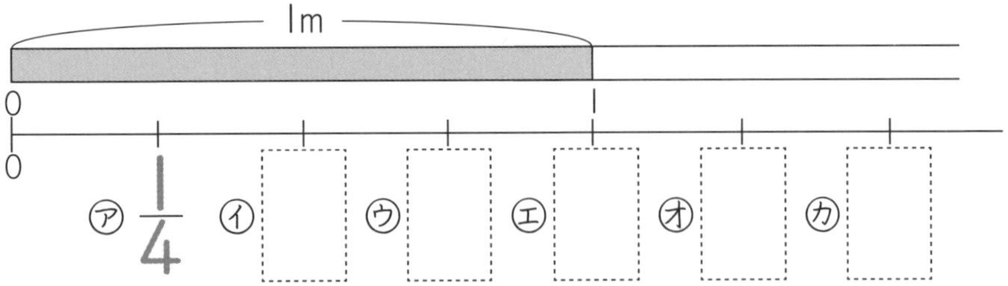

① ㋑，㋒はそれぞれ $\frac{1}{4}$ mの何こ分の長さですか。

㋑（　　）こ分　　㋒（　　）こ分

② 1mと同じ長さの分数を書きましょう。1m = $\frac{\square}{4}$ m

③ $\frac{1}{4}$ mの５こ分，６こ分の長さは，それぞれ何mですか。

㋔，㋕にあてはまる分数を書きましょう。

④ $\frac{2}{4}$ mと $\frac{3}{4}$ mでは，どちらがどれだけ長いですか。

（　　）mが（　　）m長い。

2　次《つぎ》の数直線の㋐〜㋒にあてはまる分数を書きましょう。

①

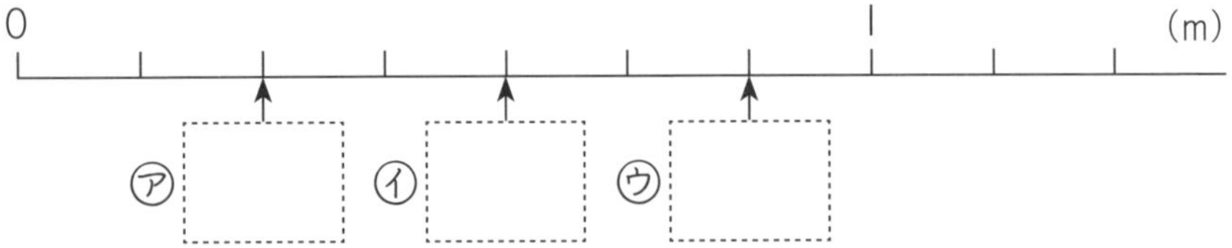

②

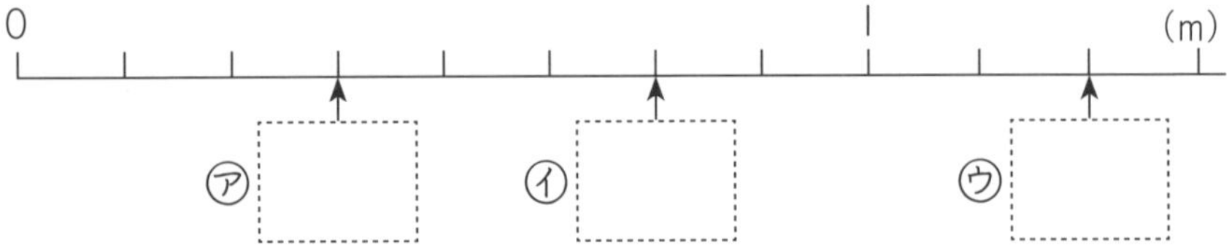

分数 (6)

名前

1　次《つぎ》の□にあてはまることばを書きましょう。

$\frac{3}{10}$ を小数で表《あらわ》すと □ になります。

小数第《だい》一位《い》のことを □ の位《くらい》とも
いいます。

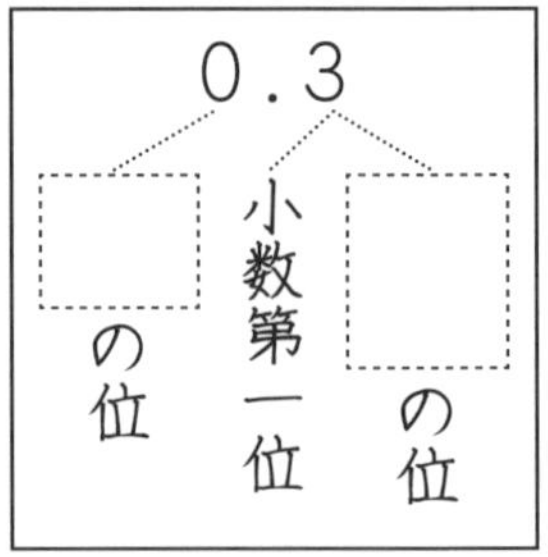

2　□の中に分数や小数を書きましょう。

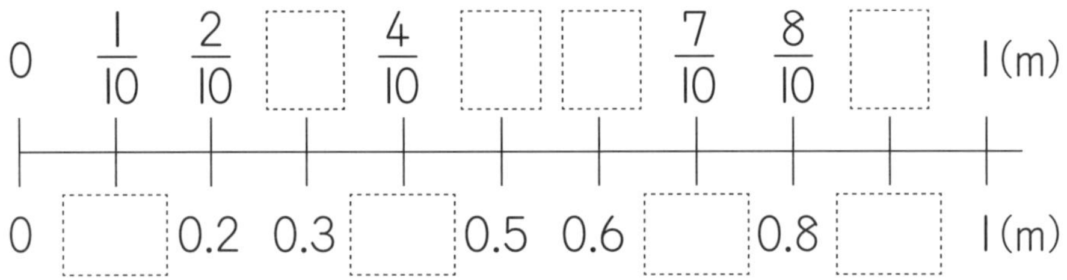

3　□にあてはまる分数や小数を書きましょう。

① 0.4 = □　　② 0.9 = □

③ $\frac{5}{10}$ = □　　④ $\frac{1}{10}$ = □

4　次の□に等号《とうごう》（＝），不等号《ふとうごう》（＞，＜）を書きましょう。

① $\frac{3}{10}$ □ 0.3　　② $\frac{7}{10}$ □ 0.8

③ 1 □ $\frac{11}{10}$　　④ 0.9 □ $\frac{8}{10}$

分数（7）

分数のたし算

名前

① $\frac{1}{5} + \frac{2}{5} =$

② $\frac{2}{4} + \frac{1}{4} =$

③ $\frac{2}{7} + \frac{3}{7} =$

④ $\frac{1}{6} + \frac{5}{6} =$

⑤ $\frac{2}{8} + \frac{3}{8} =$

⑥ $\frac{2}{9} + \frac{6}{9} =$

⑦ $\frac{1}{4} + \frac{1}{4} =$

⑧ $\frac{3}{7} + \frac{3}{7} =$

⑨ $\frac{6}{9} + \frac{3}{9} =$

⑩ $\frac{1}{6} + \frac{3}{6} =$

⑪ $\frac{3}{10} + \frac{5}{10} =$

⑫ $\frac{2}{7} + \frac{4}{7} =$

めいろは，答えの大きい方をとおりましょう。とおった方の答えを下の□に書きましょう。

① □　② □　③ □　④ □

分数（8）

分数のひき算

名前

① $\frac{2}{3} - \frac{1}{3} =$

② $\frac{3}{4} - \frac{1}{4} =$

③ $\frac{4}{5} - \frac{1}{5} =$

④ $\frac{5}{6} - \frac{3}{6} =$

⑤ $\frac{7}{9} - \frac{3}{9} =$

⑥ $\frac{5}{7} - \frac{4}{7} =$

⑦ $1 - \frac{3}{4} =$

⑧ $\frac{7}{8} - \frac{5}{8} =$

⑨ $1 - \frac{3}{8} =$

⑩ $\frac{7}{10} - \frac{6}{10} =$

⑪ $\frac{5}{10} - \frac{2}{10} =$

⑫ $1 - \frac{1}{2} =$

めいろは，答えの大きい方をとおりましょう。とおった方の答えを下の□に書きましょう。

① □　② □　③ □　④ □

分数（9）

分数のたし算・ひき算

名前

1 計算をしましょう。

① $\frac{1}{3}+\frac{1}{3}=$　　② $\frac{1}{7}+\frac{4}{7}=$　　③ $\frac{2}{6}+\frac{3}{6}=$

④ $\frac{1}{4}+\frac{3}{4}=$　　⑤ $\frac{2}{5}+\frac{1}{5}=$　　⑥ $\frac{2}{9}+\frac{6}{9}=$

⑦ $\frac{4}{10}+\frac{5}{10}=$　　⑧ $\frac{5}{8}+\frac{2}{8}=$　　⑨ $\frac{1}{5}+\frac{4}{5}=$

2 計算をしましょう。

① $\frac{2}{3}-\frac{1}{3}=$　　② $\frac{5}{6}-\frac{3}{6}=$　　③ $\frac{3}{5}-\frac{1}{5}=$

④ $1-\frac{1}{6}=$　　⑤ $\frac{6}{7}-\frac{4}{7}=$　　⑥ $\frac{6}{9}-\frac{4}{9}=$

⑦ $\frac{3}{4}-\frac{1}{4}=$　　⑧ $1-\frac{2}{5}=$　　⑨ $\frac{7}{8}-\frac{5}{8}=$

めいろは，答えの大きい方をとおりましょう。とおった方の答えを下の□に書きましょう。

①　　②　　③　　④

分数（10）

文章題

名前

1 あみさんが $\frac{3}{6}$ L，こうたさんが $\frac{2}{6}$ L のお茶を飲《の》みました。２人あわせて何 L 飲んだでしょうか。

式

答え

2 1L の牛にゅうを，プリンを作るのに $\frac{4}{5}$ L 使《つか》いました。のこりの牛にゅうは何Lでしょうか。

式

答え

3 1mのリボンを，あんなさんに $\frac{7}{10}$ m 切ってあげました。のこりのリボンは何 m でしょうか。

式

答え

4 はるなさんは，はり金を $\frac{4}{8}$ m 使いました。けんとさんも $\frac{4}{8}$ m 使いました。２人あわせて何 m 使ったでしょうか。

式

答え

ふりかえりテスト　分数

名前

1　1mのリボンを，同じ長さに分けています。▭の長さを分数で表《あらわ》しましょう。(3×2)

①
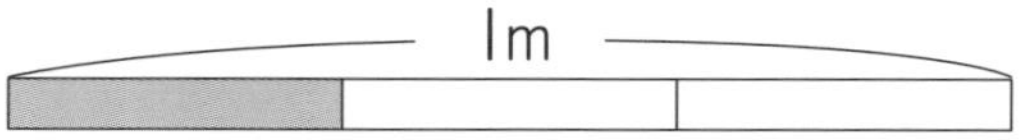

(　　　)m

②

(　　　)m

2　下の1Lマスに入っている水のかさを分数で表しましょう。(4×2)

①
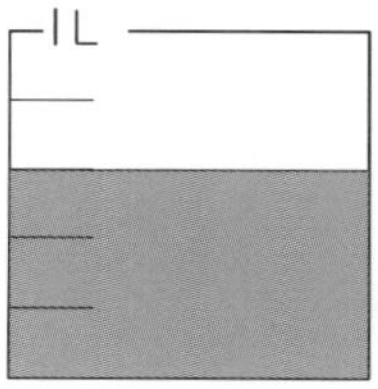

(　　　)L

②
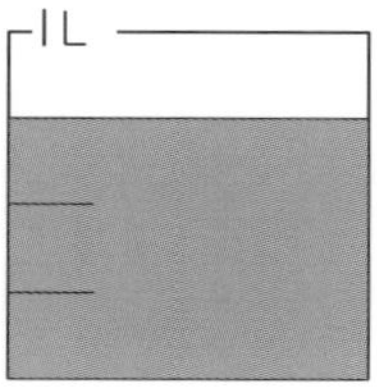

(　　　)L

3　次《つぎ》の(　)にあてはまる数を入れましょう。(4×3)

① $\frac{1}{8}$mの5こ分の長さは(　　　)m

② $\frac{1}{3}$Lの2こ分のかさは(　　　)L

③ $\frac{3}{5}$mは$\frac{1}{5}$mの(　　　)こ分の長さ

4　▭に等号《とうごう》(=)か不等号《ふとうごう》(>，<)を入れましょう。(4×6)

① $\frac{3}{4}$ ▭ $\frac{2}{4}$　　② 1 ▭ $\frac{2}{5}$

③ 1 ▭ $\frac{9}{10}$　　④ $\frac{11}{10}$ ▭ 1

⑤ $\frac{1}{10}$ ▭ 0.1　　⑥ $\frac{7}{10}$ ▭ 0.8

5　計算をしましょう。(5×4)

① $\frac{2}{7}+\frac{3}{7}=$

② $\frac{3}{5}+\frac{2}{5}=$

③ $\frac{9}{10}-\frac{4}{10}=$

④ $1-\frac{5}{6}=$

6　下の数直線をみて，▭に分数や小数を書きましょう。(4×4)

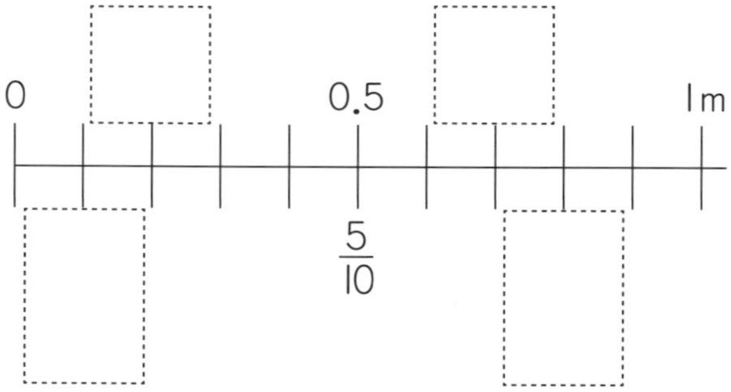

7　ぶどうジュースを$\frac{3}{8}$L，りんごジュースを$\frac{4}{8}$L使《つか》ってゼリーを作ります。あわせてジュースを何L使うでしょうか。(7)

式

答え

8　1mのテープを2本に切ります。1本は$\frac{3}{10}$mです。もう1本は何mでしょうか。(7)

式

答え

□を使った式（1）

たし算の式に表す

名前

わからない数を□として，たし算の式に表《あらわ》してから，答えをもとめましょう。

1　バナナ250gを，入れものに入れて重《おも》さをはかったら，550gありました。入れものの重さは何gでしょうか。

式

答え ＿＿＿＿＿＿

2　校《こう》庭《てい》で子どもが何人か遊《あそ》んでいます。そこへ14人来たので，子どもはみんなで32人になりました。はじめに遊んでいた子どもは何人でしょうか。

式

答え ＿＿＿＿＿＿

3　□にあてはまる数をもとめましょう。

① 17＋□＝63　　② □＋34＝80

③ □＋35＝71　　④ 50＋□＝98

⑤ 46＋□＝72　　⑥ □＋22＝100

□を使った式（2）

ひき算の式に表す

名前

わからない数を□として，ひき算の式に表《あらわ》してから，答えをもとめましょう。

1　ゼリーが25こありました。何こか食べたので，のこりが18こになりました。何こ食べたのでしょうか。

式

答え ＿＿＿＿＿＿

2　おり紙が何まいかありました。みんなで33まい使《つか》うと，のこりが48まいになりました。はじめに，おり紙は何まいあったのでしょうか。

式

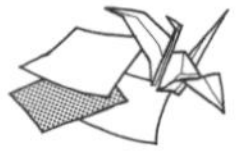

答え ＿＿＿＿＿＿

3　□にあてはまる数をもとめましょう。

① 82－□＝23　　② □－29＝42

③ □－55＝35　　④ 100－□＝57

⑤ 93－□＝39　　⑥ □－11＝89

□を使った式（3）

かけ算・わり算の式に表す

名前 ______________________

1　1 箱《はこ》にトマトが 5 こずつ入っています。トマトの箱が何箱かあったので，トマトは全部《ぜんぶ》で 35 こになりました。トマトの箱は何箱あったのでしょうか。
　わからない数を□としてかけ算の式に表《あらわ》し，答えをもとめましょう。

式

答え ______________________

2　1 日に何ページかずつ本を読みます。1 週間毎日同じページずつ読むと，63 ページの本を読み終《お》わりました。1 日何ページずつ読んだのでしょうか。
　わからない数を□としてかけ算の式に表し，答えをもとめましょう。

式

答え ______________________

3　お花が何本かあります。1 つの花びんに 4 本ずつ分けると，5 つの花びんに分けられました。はじめにお花は何本あったのでしょうか。
　わからない数を□としてわり算の式に表し，答えをもとめましょう。

式

答え ______________________

□を使った式（4）

いろいろな式に表す

名前 ______________________

1　100 円はらってノートを買うと，おつりは 12 円でした。ノートは何円ですか。
　わからない数を□としてひき算の式に表《あらわ》し，答えをもとめましょう。

式

答え ______________________

2　1 ふくろに，くりが 8 こずつ入っています。何ふくろかあるので，全部《ぜんぶ》でくりは 64 こあります。ふくろは何ふくろありますか。
　わからない数を□としてかけ算の式に表し，答えをもとめましょう。

式

答え ______________________

3　あやさんはシールを 38 まいもっています。お姉さんから何まいかもらうと，全部で 53 まいになりました。お姉さんから何まいもらったのですか。
　わからない数を□としてたし算の式に表し，答えをもとめましょう。

式

答え ______________________

かけ算の筆算 2 (1)

名前

2けた×2けた　くり上がりなし・くり上がり1回

① $\begin{array}{r} 12 \\ \times\ 42 \\ \hline \end{array}$

② $\begin{array}{r} 23 \\ \times\ 43 \\ \hline \end{array}$

③ $\begin{array}{r} 33 \\ \times\ 32 \\ \hline \end{array}$

④ $\begin{array}{r} 12 \\ \times\ 24 \\ \hline \end{array}$

⑤ $\begin{array}{r} 19 \\ \times\ 91 \\ \hline \end{array}$

⑥ $\begin{array}{r} 21 \\ \times\ 84 \\ \hline \end{array}$

⑦ $\begin{array}{r} 32 \\ \times\ 43 \\ \hline \end{array}$

⑧ $\begin{array}{r} 42 \\ \times\ 32 \\ \hline \end{array}$

⑨ $\begin{array}{r} 15 \\ \times\ 50 \\ \hline \end{array}$

⑩ $\begin{array}{r} 20 \\ \times\ 54 \\ \hline \end{array}$

⑪ $\begin{array}{r} 31 \\ \times\ 63 \\ \hline \end{array}$

⑫ $\begin{array}{r} 26 \\ \times\ 14 \\ \hline \end{array}$

かけ算の筆算 2 (2)

名前

2けた×2けた　くり上がりなし・くり上がり1回

① 12 × 34　② 12 × 41　③ 23 × 23　④ 11 × 18

⑤ 13 × 70　⑥ 18 × 61　⑦ 13 × 32　⑧ 10 × 44

めいろは，答えの大きい方をとおりましょう。とおった方の答えを下の□に書きましょう。

①　　②　　③

かけ算の筆算 2 (3)

2けた×2けた　くり上がり2回以上

名前

① 40 × 53

② 26 × 34

③ 81 × 63

④ 22 × 48

⑤ 72 × 50

⑥ 28 × 93

⑦ 64 × 82

⑧ 42 × 74

⑨ 85 × 67

⑩ 57 × 49

⑪ 27 × 86

⑫ 39 × 78

かけ算の筆算 2 (4)

2けた×2けた　くり上がり2回以上

名前

①40 × 73　②15 × 62　③33 × 43　④28 × 34

⑤36 × 83　⑥28 × 39　⑦32 × 46　⑧23 × 64

めいろは，答えの大きい方をとおりましょう。とおった方の答えを下の□に書きましょう。

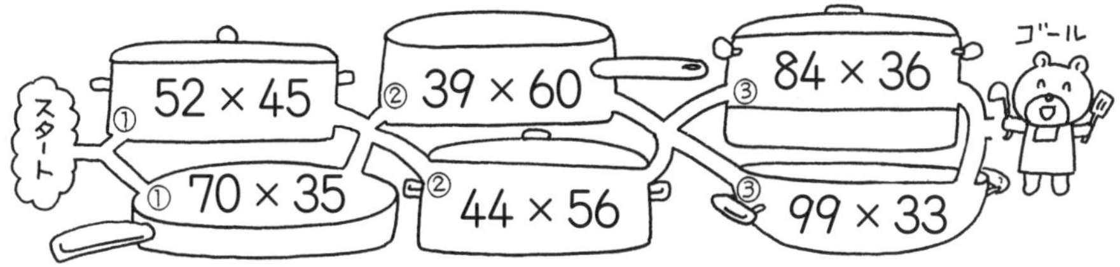

①　　　②　　　③

かけ算の筆算 2 （5）

2けた×2けた　いろいろな型

名前

① 21 ×53

② 35 ×32

③ 14 ×23

④ 22 ×14

⑤ 62 ×94

⑥ 37 ×82

⑦ 49 ×70

⑧ 55 ×48

⑨ 79 ×58

⑩ 80 ×74

⑪ 28 ×64

⑫ 93 ×84

かけ算の筆算 2 （6）

2けた×2けた　めいろ

名前

● 答えの大きい方へすすみましょう。
とおった方の答えを□に書きましょう。

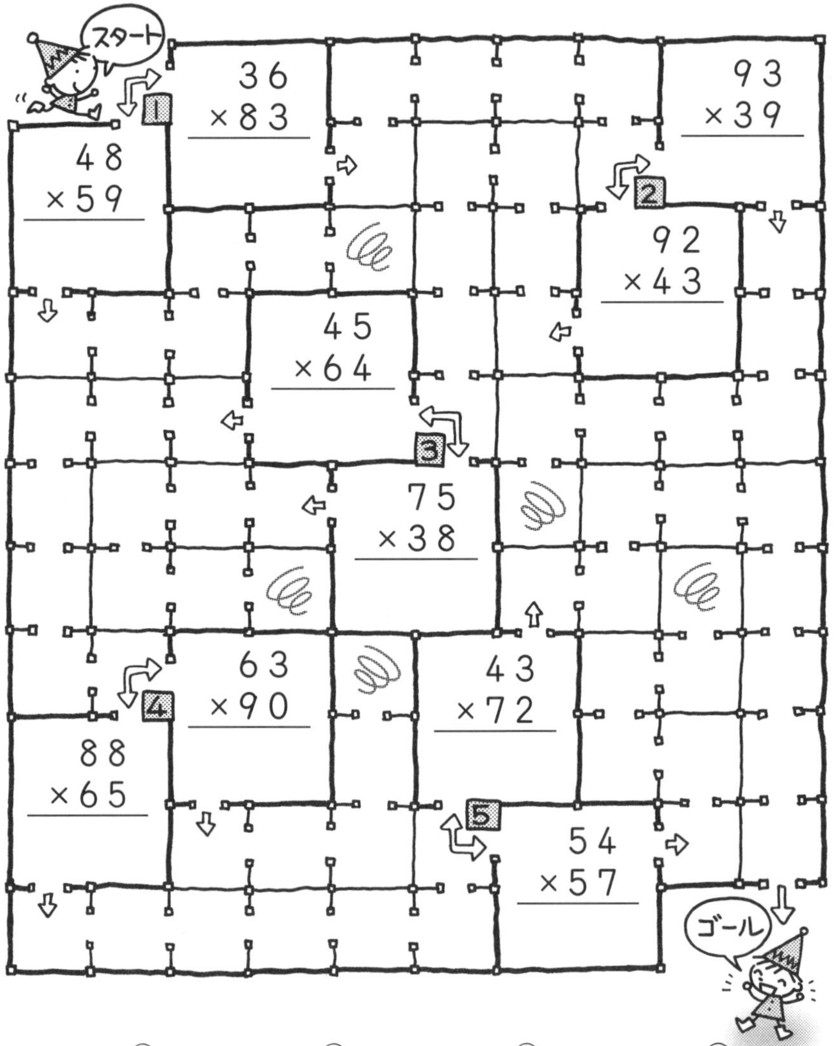

① ⇨ ② ⇨ ③ ⇨ ④ ⇨ ⑤

かけ算の筆算 2 (7)

3けた×2けた　くり上がり2回まで

名前

① 322 × 21

② 406 × 11

③ 132 × 23

④ 224 × 20

⑤ 408 × 21

⑥ 634 × 20

⑦ 250 × 40

⑧ 326 × 31

⑨ 416 × 22

⑩ 118 × 36

⑪ 168 × 16

⑫ 306 × 23

かけ算の筆算 2 (8)

3けた×2けた　くり上がり2回まで

名前

①321 × 24　②413 × 20　③104 × 12　④243 × 21

⑤284 × 12　⑥609 × 23　⑦480 × 22　⑧383 × 31

めいろは，答えの大きい方をとおりましょう。とおった方の答えを下の□に書きましょう。

① □　② □　③ □

かけ算の筆算 2 (9)

3けた×2けた　くり上がり3回以上

名前

① 722 × 45

② 673 × 32

③ 523 × 34

④ 429 × 32

⑤ 563 × 43

⑥ 386 × 29

⑦ 936 × 24

⑧ 738 × 62

⑨ 608 × 57

⑩ 746 × 37

⑪ 347 × 68

⑫ 484 × 75

かけ算の筆算 2 (10)

3けた×2けた　くり上がり3回以上

名前

①573 × 74

②294 × 43

③340 × 73

④409 × 62

⑤637 × 38

⑥509 × 26

⑦453 × 43

⑧ 366 × 28

めいろは，答えの大きい方をとおりましょう。とおった方の答えを下の□に書きましょう。

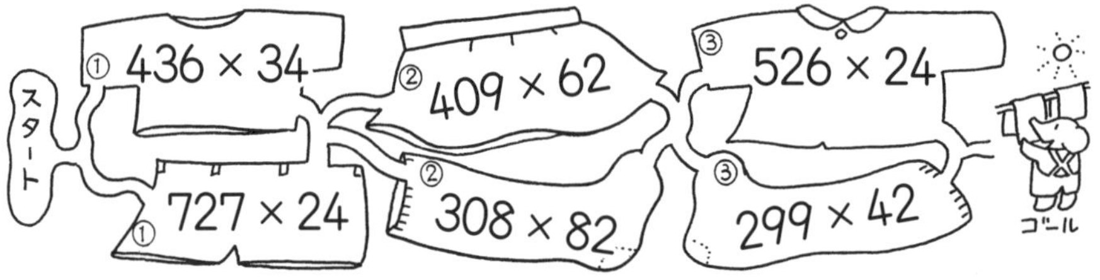

①

②

③

かけ算の筆算 2 （11）

3けた×2けた　いろいろな型

名前

① 243 × 32

② 348 × 27

③ 120 × 42

④ 421 × 36

⑤ 629 × 85

⑥ 344 × 38

⑦ 549 × 73

⑧ 483 × 63

⑨ 796 × 78

⑩ 407 × 89

⑪ 937 × 36

⑫ 707 × 88

かけ算の筆算 2 （12）

3けた×2けた　いろいろな型

名前

① 629 × 30　② 251 × 86　③ 323 × 46　④ 206 × 13

⑤ 428 × 56　⑥ 596 × 34　⑦ 101 × 22　⑧ 440 × 23

めいろは，答えの大きい方をとおりましょう。とおった方の答えを下の□に書きましょう。

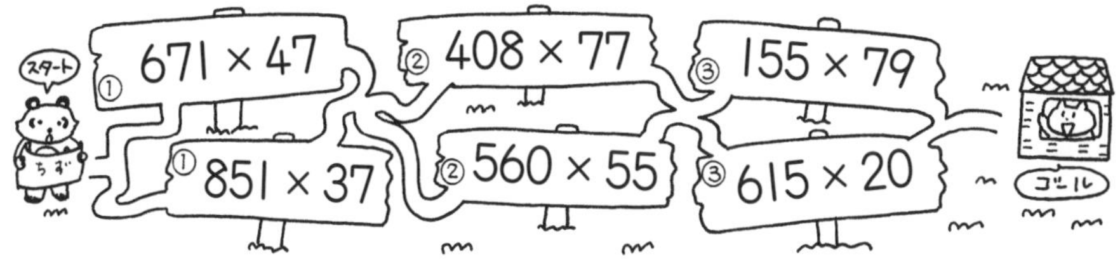

① □　② □　③ □

かけ算の筆算 2 （13）

3けた×2けた　いろいろな型

名前

① 436 × 22

② 384 × 40

③ 120 × 32

④ 421 × 33

⑤ 709 × 48

⑥ 846 × 29

⑦ 678 × 94

⑧ 930 × 57

⑨ 288 × 74

⑩ 206 × 46

⑪ 649 × 73

⑫ 245 × 49

⑬ 736 × 84

⑭ 350 × 86

⑮ 679 × 36

⑯ 284 × 37

かけ算の筆算 2 （14）

3けた×2けた　めいろ

名前

● 答えの大きい方へすすみましょう。
とおった方の答えを□に書きましょう。

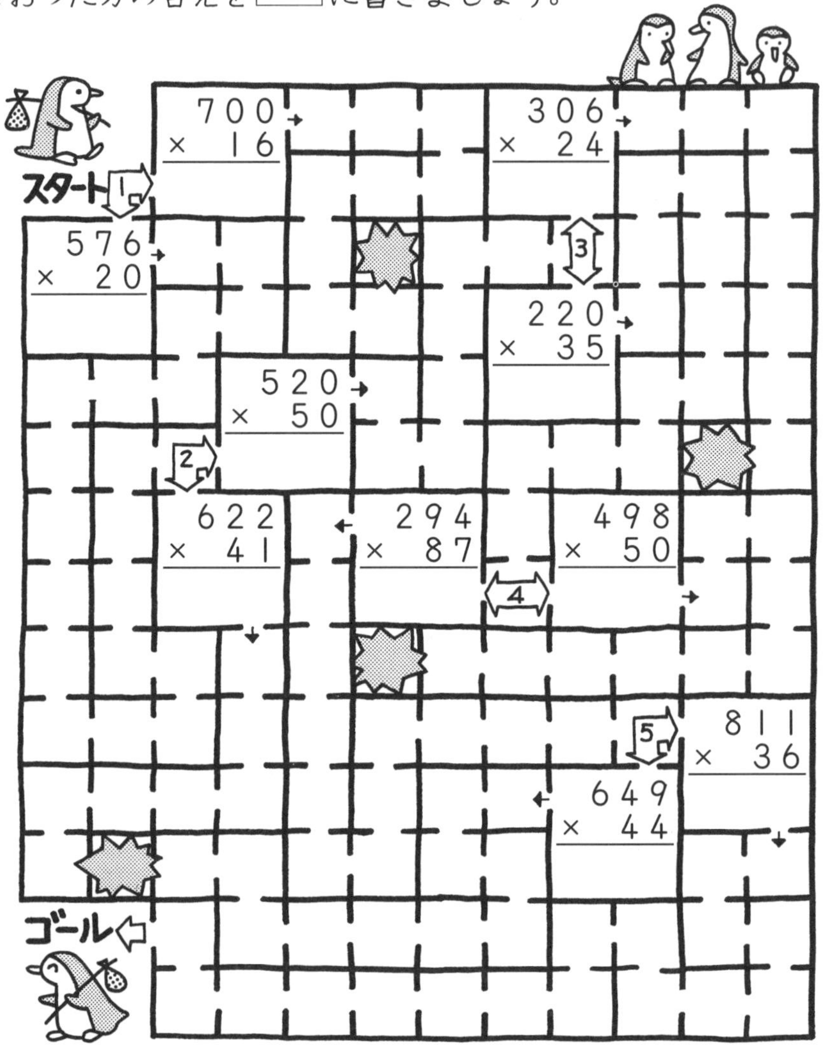

① □　② □　③ □　④ □　⑤ □

かけ算の筆算2（15）

文章題①

名前

1　1箱《はこ》580円のえんぴつを，14箱買います。代金は何円でしょうか。

式

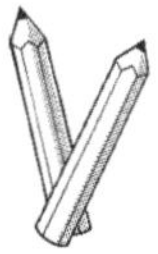

答え

2　24まい入りの画用紙のふくろが，78ふくろあります。画用紙は全部《ぜんぶ》で何まいあるでしょうか。

式

答え

3　1こ235円のカップケーキを，子ども38人に配《くば》ります。カップケーキの代金は全部でいくらでしょうか。

式

答え

4　あめを，1ふくろに17こずつ入れます。48ふくろ作るには，あめは全部で何こいるでしょうか。

式

答え

かけ算の筆算2（16）

文章題②

名前

1　1ふくろに，米を18kgずつ入れます。27ふくろ入れるには，米は全部《ぜんぶ》で何kgいるでしょうか。

式

答え

2　230円のバス代を，67人から集《あつ》めます。バス代は，全部で何円になるでしょうか。

式

答え

3　1本308円のバラの花を，35本買います。代金は，全部でいくらでしょうか。

式

答え

4　長いテープを85cmずつに切ったら，ちょうど26本になりました。長いテープは，はじめ何m何cmありましたか。

式

答え

ふりかえりテスト　かけ算の筆算 2

名前

1　筆算《ひっさん》になおして計算しましょう。(6×10)

① 18 × 24　　② 26 × 13

③ 53 × 20　　④ 63 × 46

⑤ 28 × 49　　⑥ 62 × 50

⑦ 120 × 46　　⑧ 115 × 60

⑨ 607 × 50　　⑩ 254 × 16

2　えんぴつを 15 本買います。1 本が 95 円です。代金は全部《ぜんぶ》でいくらですか。(10)

式

答え

3　動物園《どうぶつえん》で 1 人 380 円の入園りょうを 26 人分はらうと，全部で何円でしょうか。(10)

式

答え

4　3 年 1 組は 27 人います。1 人に 40 まいずつおり紙を配《くば》ると，おり紙は全部で何まいいるでしょうか。(10)

式

答え

5　おはじきが 1000 こあります。28 人に，35 こずつ配ります。おはじきは，何このこるでしょうか。(10)

式

答え

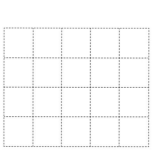

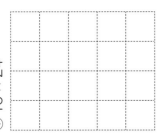

かけ算かなわり算かな（1）

名前

□1　1こ98円のアイスクリームを，12こ買いました。代金は全部《ぜんぶ》でいくらになるでしょうか。

式

答え

□2　クッキーが72まいあります。8人で同じ数ずつ分けると，1人何まいずつになるでしょうか。

式

答え

□3　ノートを16さつ買います。1さつが135円です。代金はいくらになるでしょうか。

式

答え

□4　1ふくろに63まい入っているおり紙を，9人で同じ数ずつ分けると，1人何まいになるでしょうか。

式

答え

かけ算かなわり算かな（2）

名前

□1　56dLのジュースを，同じかさずつ7人で分けます。1人分は何dLでしょうか。

式

答え

□2　えんぴつを9本買いました。1本81円でした。全部《ぜんぶ》で何円でしょうか。

式

答え

□3　えみさんの学校の3年生は，4クラスあります。どのクラスも，24人の子どもがいます。3年生は，みんなで何人いるでしょうか。

式

答え

□4　48cmのはり金を，同じ長さで8本に切ります。1本は何cmになるでしょうか。

式

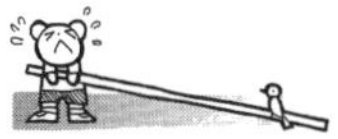

答え

かけ算かなわり算かな (3)

名前

□1 みかんを 7 人に 14 こずつ配《くば》ります。みかんは全部《ぜんぶ》で何こいるでしょうか。

式

答え

□2 さやかさんのクラスは，28 人です。社会見学のバス代を，1 人 275 円ずつ集《あつ》めます。バス代は全部で何円でしょうか。

式

答え

□3 あめを 1 人に 15 こずつ配ると，26 人に配ることができました。あめは全部で何こありましたか。

式

答え

□4 81 人の小学生を，同じ人数ずつ 9 組に分けます。何人ずつ分けるとよいでしょうか。

式

答え

かけ算かなわり算かな (4)

名前

□1 かけるさんの学校の 3 年生の人数は 64 人です。8 人ずつのはんを作ると，何はんできるでしょうか。

式

答え

□2 1 さつ 85 円のメモちょうを，38 さつ買います。代金は全《ぜん》部《ぶ》でいくらになるでしょうか。

式

答え

□3 1 こ 450 円のパイナップルを 26 こ買います。代金は全部でいくらになるでしょうか。

式

答え

□4 6 まいのおさらに 54 このくりを同じ数ずつ分けます。くりは，1 さら何こずつになりますか。

式

答え

倍（1）

名前

□1　28cmの白いテープと4cmの赤いテープがあります。白いテープの長さは，赤いテープの長さの何倍《ばい》ですか。

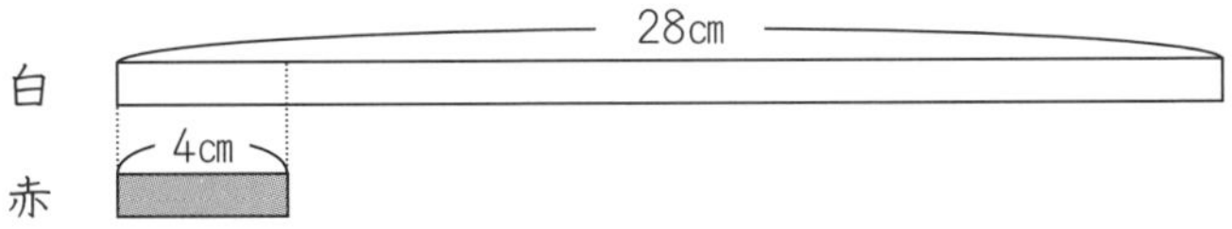

式

答え

□2　3cmの青色のテープがあります。黄色のテープは，青色のテープの6倍の長さです。黄色のテープの長さは何cmですか。

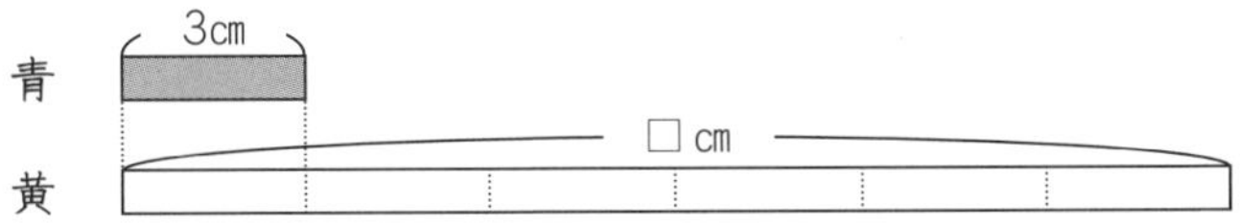

式

答え

□3　水色と茶色のテープがあります。水色のテープの長さは，茶色のテープの長さの3倍で15cmです。茶色のテープの長さは何cmですか。

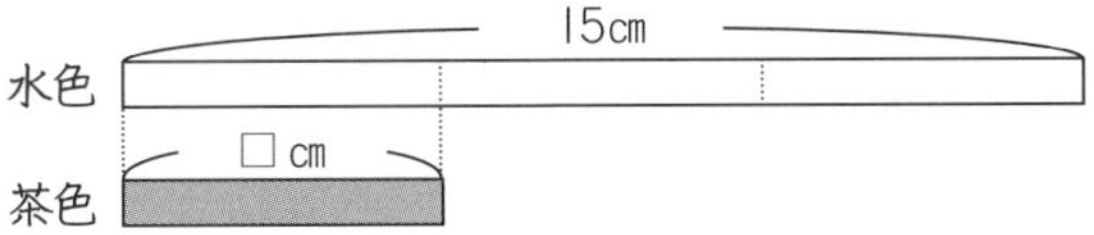

式

答え

倍（2）

名前

□1　1こ9円のガムがあります。チョコレートは，ガムの4倍《ばい》のねだんです。チョコレートのねだんはいくらですか。

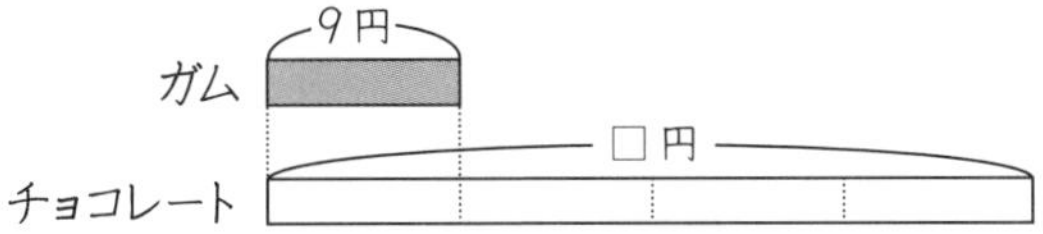

式

答え

□2　おじいさんの年れいは，みなみさんの年れいの6倍で54才です。みなみさんの年れいは何才ですか。

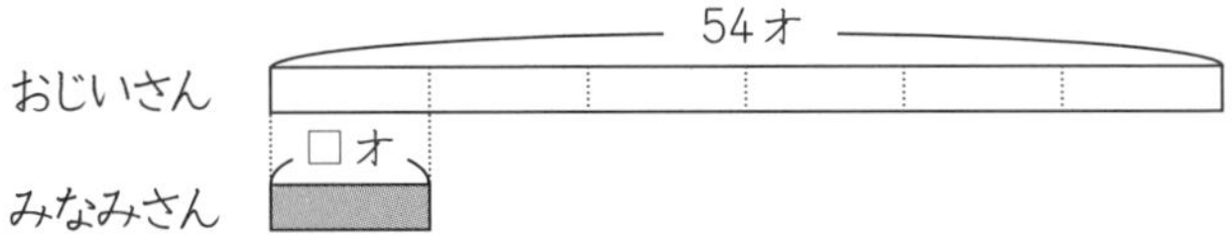

式

答え

□3　野球《やきゅう》のボールの直径《ちょっけい》は7cmです。バレーボールの直径は野球のボールの直径の3倍の長さです。バレーボールの直径は何cmですか。

式

答え

□4　みかんとりんごがあります。みかんの数は，りんごの数の4倍で20こあります。りんごは何こありますか。

式

答え

倍 (3)

名前 ____________________

1　8cm の赤いテープがあります。青いテープは，赤いテープの 4 倍《ばい》の長さです。青いテープの長さは何 cm ですか。

式

答え ____________________

2　花だんに 28 本の赤い花と 7 本の白い花がさいています。赤い花の本数は，白い花の本数の何倍ですか。

式

答え ____________________

3　ゼリーとヨーグルトがあります。ゼリーの数は，ヨーグルトの数の 5 倍で 25 こです。ヨーグルトは何こありますか。

式

答え ____________________

4　かいとさんは，弟の 3 倍のカードをもっているそうです。かいとさんのカードの数は 24 まいです。弟はカードを何まいもっていますか。

式

答え ____________________

倍 (4)

名前 ____________________

1　白色のボールが 6 こあります。黄色のボールの数は，白色のボールの数の 3 倍《ばい》です。黄色のボールは何こありますか。

式

答え ____________________

2　赤い色紙と青い色紙があります。赤い色紙は，青い色紙の 4 倍で 32 まいです。青い色紙は何まいありますか。

式

答え ____________________

3　30dL のお茶と 6dL のジュースがあります。お茶のかさは，ジュースのかさの何倍ですか。

式

答え ____________________

4　れんさんの生まれたときの体重《たいじゅう》は 3kg です。今の体重は生まれたときの体重の 9 倍です。今の体重は何 kg ですか。

式

答え ____________________

三角形（1）

名前

□1 （　）にあてはまることばを書きましょう。

① 3本の直線でかこまれた形を（　　　　　　）といいます。

② 直角のかどのある三角形を（　　　　　　）といいます。

② 2つの辺の長さが等しい三角形を（　　　　　　）といいます。

□2 下の図で，直角三角形と二等辺三角形をみつけ，（　）に記号を書きましょう。

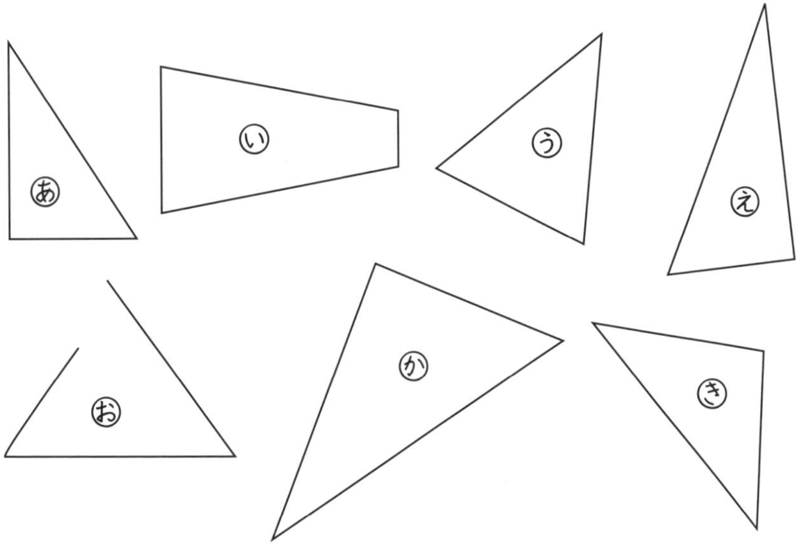

直角三角形　（　　　　　　）

二等辺三角形（　　　　　　）

三角形（2）

名前

□1 （　）の中にあてはまることばを書きましょう。

3つの辺の長さが等しい三角形を（　　　　　　）といいます。

□2 下の図の中で，二等辺三角形と正三角形をみつけましょう。

二等辺三角形（　　　　　　）

正三角形　（　　　　　　）

三角形（3）

名前

● コンパスを使《つか》ってかきましょう。

① 辺の長さが 3cm，4cm，4cm の二等辺三角形

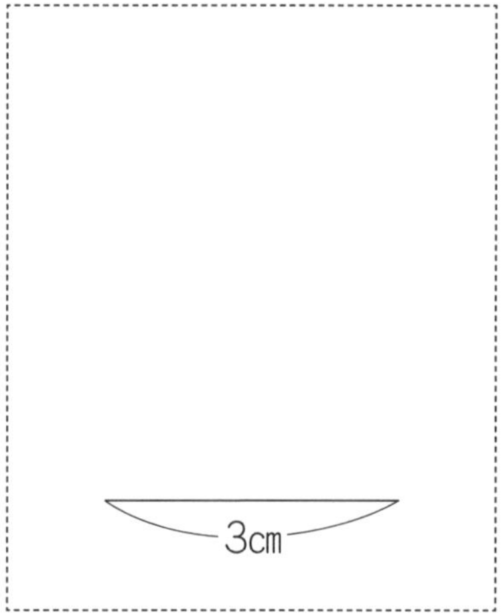

② 辺の長さが 4cm，5cm，5cm の二等辺三角形

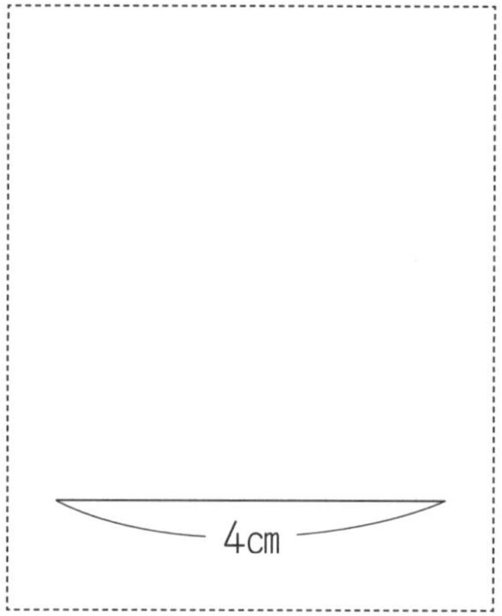

③ 辺の長さが 3cm，5cm，5cm の二等辺三角形

④ 辺の長さが 6cm，4cm，4cm の二等辺三角形

三角形（4）

名前

● コンパスを使《つか》ってかきましょう。

① 辺の長さが 4cmの正三角形

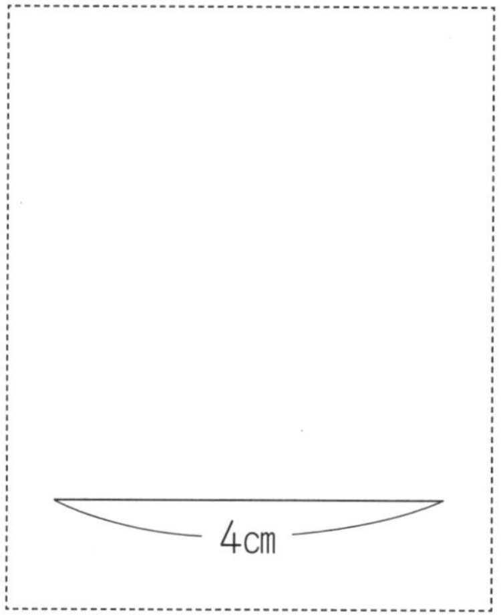

② 辺の長さが 5cmの正三角形

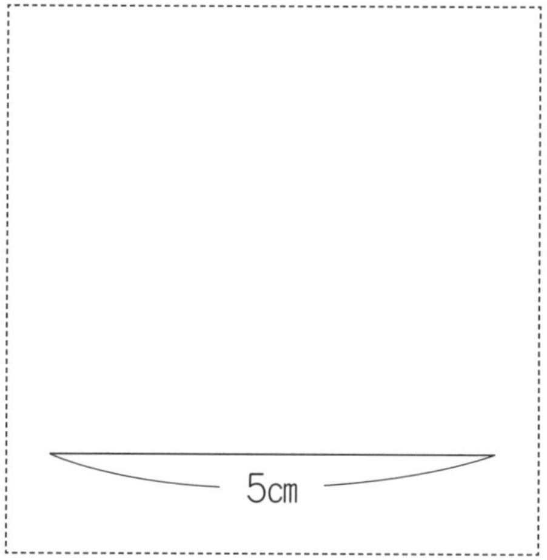

③ 辺の長さが 3cmの正三角形

④ 辺の長さが 6cmの正三角形

三角形（5）

名前

⑴ 次《つぎ》の□にあてはまることばを，□からえらんで書きましょう。

（同じことばを２回使《つか》ってもよい）

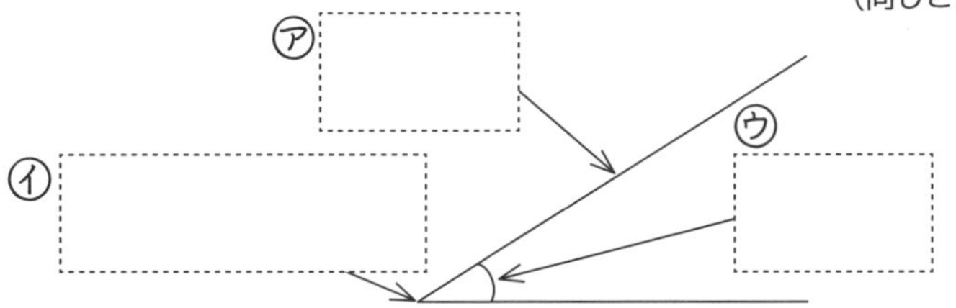

① 上の図のように，１つの点から出ている２本の直線が作る形を□といいます。

② 角を作っている辺の開《ひら》きぐあいを□といいます。

③ 二等辺三角形の２つの角の大きさは□です。

④ 正三角形の□の大きさは同じです。

辺・角・ちょう点・同じ・３つの角・角の大きさ

⑵ 下の三角形の名前を（　）に書きましょう。

①

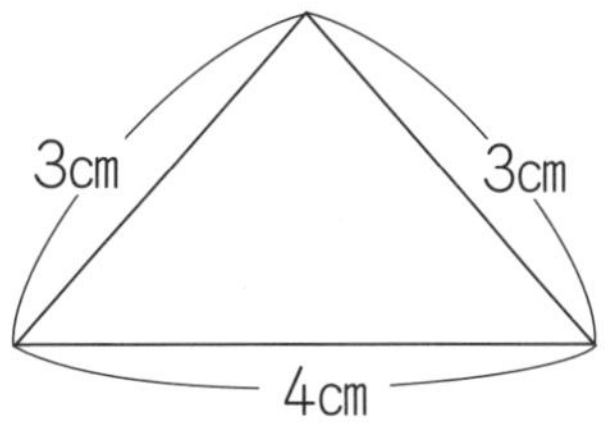

（　　　　）

②

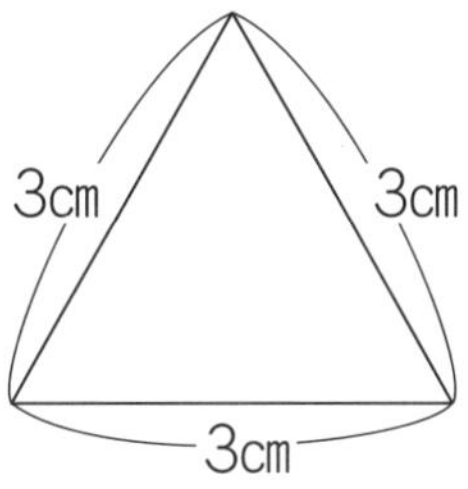

（　　　　）

③

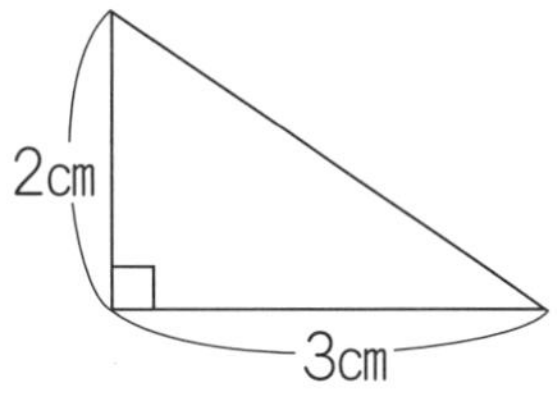

（　　　　）

三角形（6）

名前

⑴ 次《つぎ》の円を使って，二等辺三角形と，正三角形をかきましょう。

① 二等辺三角形

② 正三角形

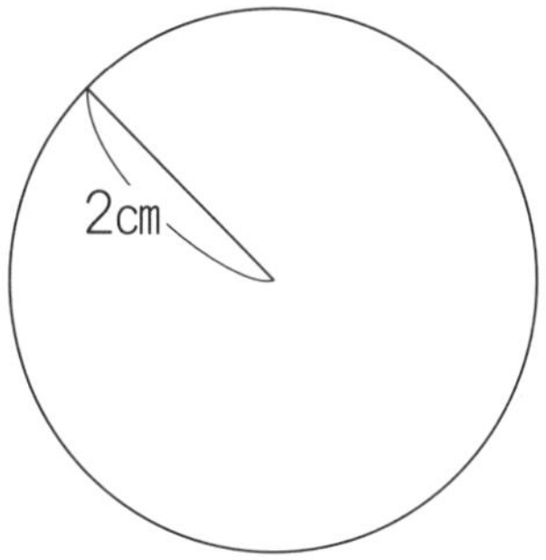

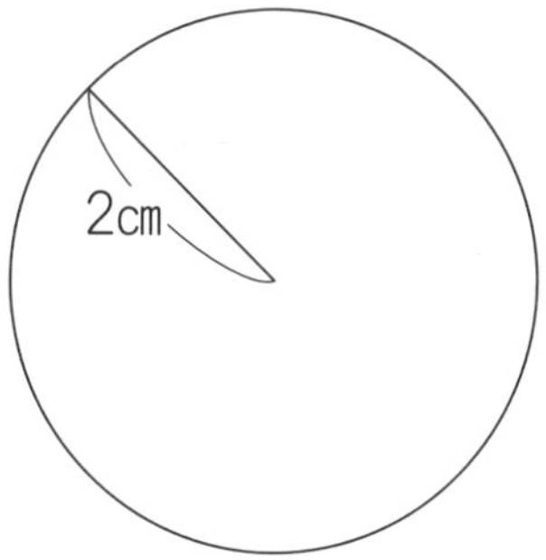

⑵ 下の三角形の図は，半径《けい》2cmの円を３つかいて作ったものです。右に同じようにして，三角形の図をかきましょう。

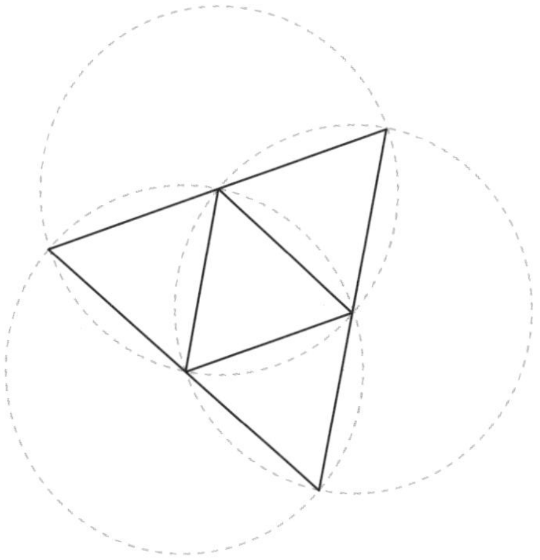

ふりかえりテスト 三角形

名前

1　次《つぎ》の①～⑤の［　　］にあてはまることばを，［　　］からえらんで書きましょう。
(同じことばを２回使《つか》ってもよい) (4×5)

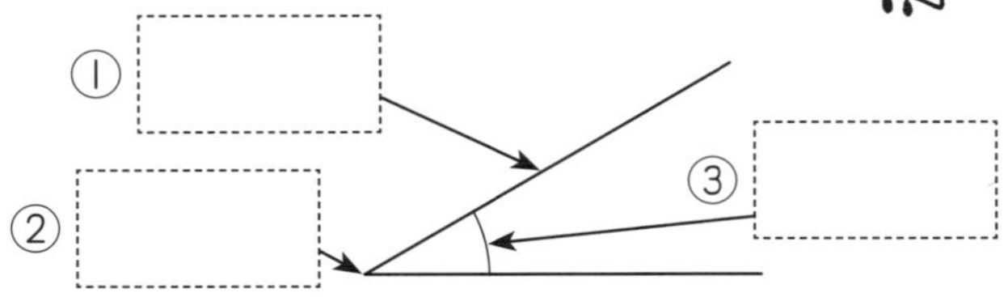

・１つの点から出ている２本の直線が作る形を④［　　　］といい，２本の直線の開《ひら》きぐあいを⑤［　　　］という。

角・角の大きさ・辺・ちょう点

2　次の三角形は何という三角形でしょうか。(4×4)

① ３つの角の大きさがみんな同じ三角形
（　　　　　　　）

② ２つの角の大きさが同じ三角形
（　　　　　　　）

③ ３つの辺《へん》の長さがみんな同じ三角形
（　　　　　　　）

④ ２つの辺の長さが同じ三角形
（　　　　　　　）

3　下の図の中で，二等辺三角形と正三角形を見つけましょう。(7×2)

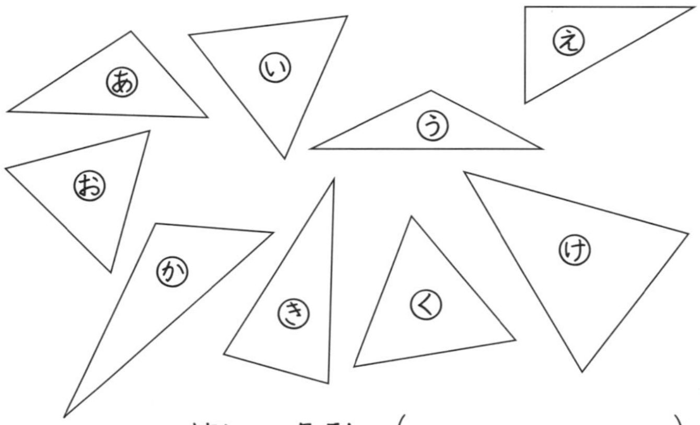

二等辺三角形　（　　　　　　）

正三角形　（　　　　　　）

4　コンパスを使ってかきましょう。(10×4)

①　辺の長さが 4cm，3cm，3cm の二等辺三角形

② 辺の長さが 5cm の正三角形

③ 辺の長さが 3cm，4cm，4cm の二等辺三角形

④　辺の長さが 6cm の正三角形

5　円を使って二等辺三角形のつづきをかきましょう。(10)

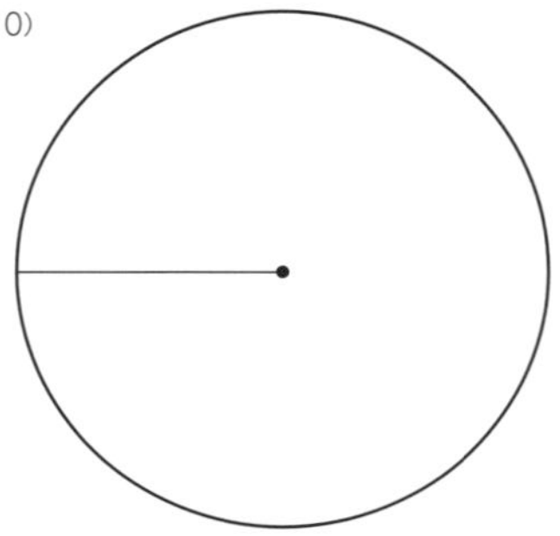

ぼうグラフと表（1）

名前

● クラスですきなスポーツを調《しら》べました。

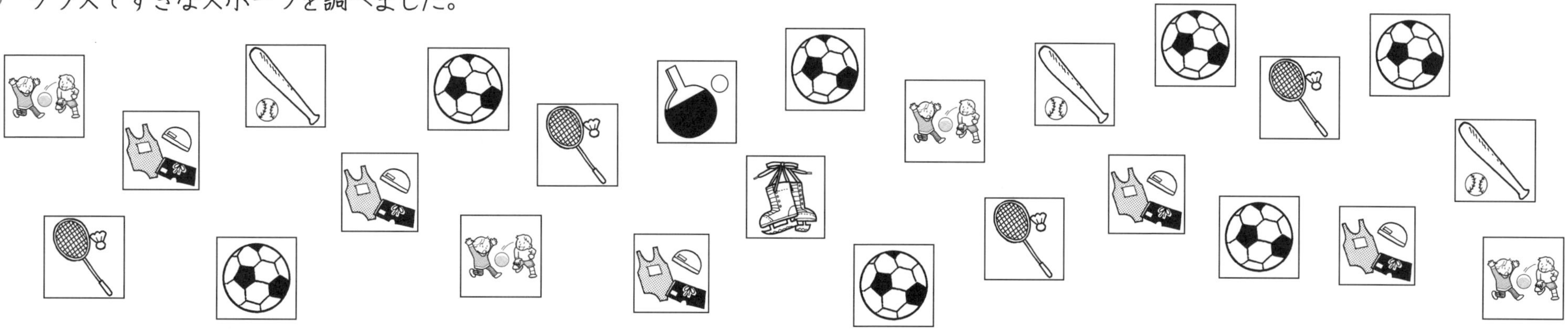

①「正」の字を書いて，スポーツごとに，すきな人数を調べましょう。

すきなスポーツ調べ

スポーツ	すきな人数（人）	
ドッジボール		
バドミントン		
サッカー		
野球《やきゅう》		
水えい		
その他		

② いちばんすきな人数が多いスポーツは，何でしょうか。（　　　　　　）

③　スポーツごとに，すきな人数をぼうの長さで表《あらわ》しましょう。

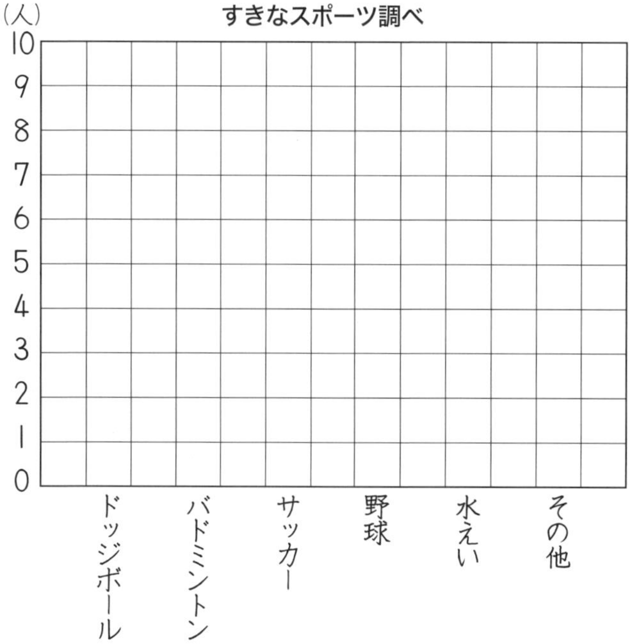

④　③のグラフを人数の多いじゅんにならびかえましょう。

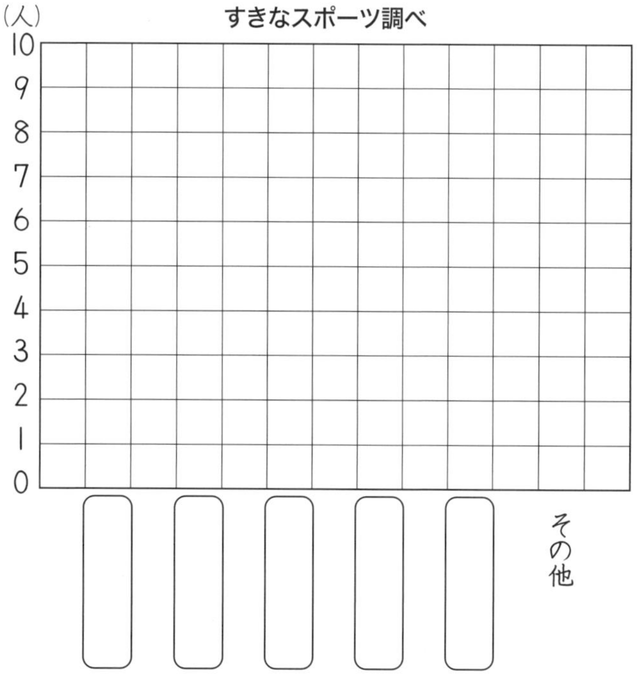

ぼうグラフと表（2）

名前

ぼうグラフは，ふつうぼうの長さのじゅんにかきます。
「その他《た》」はさいごにかきます。

● 「すきなこん虫調《しら》べ」をしました。

① ぼうグラフに表《あらわ》しましょう。また，□にあてはまることばや数を書きましょう。

すきなこん虫調べ

こん虫の名前	人数（人）
かまきり	3
せ　み	7
ちょうちょ	10
かぶと虫	16
くわがた虫	9
その他	5
合計	50

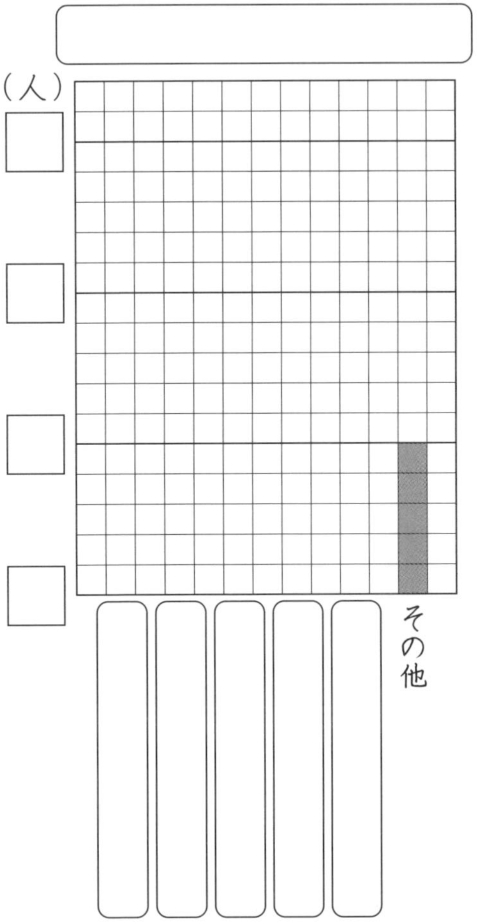

② 2ばん目にすきな人数が多いこん虫は何ですか。また，何人ですか。

こん虫（　　　　　　）

人数（　　　　　　）人

ぼうグラフと表（3）

名前

曜日などのように，じゅん番のあるものは，
じゅん番のとおりに表《あらわ》すことがあります。

● 下のぼうグラフは，小学校で１週間に休んだ人の数を調《しら》べたものです。

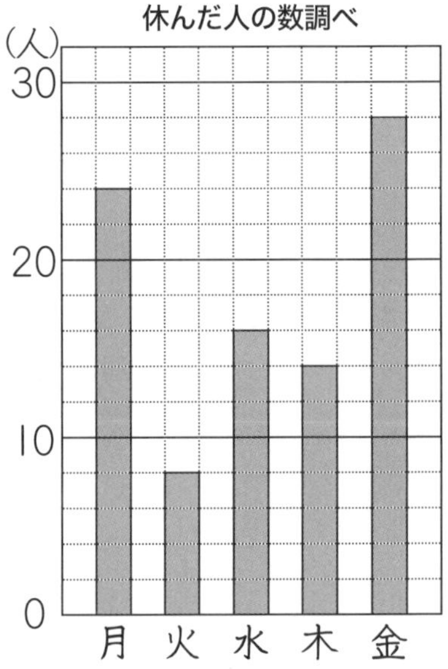

① グラフの１めもりは，何人を表していますか。

（　　　　　　）人

② 月曜日に休んだ人は何人ですか。

（　　　　　　）人

③ 学校を休んだ人がいちばん多いのは何曜日ですか。

（　　　　　　）

④ 学校を休んだ人がいちばん少ないのは何曜日ですか。

（　　　　　　）

⑤ グラフの人数を右の表《ひょう》にまとめましょう。

休んだ人の数調べ

月	人
火	人
水	人
木	人
金	人
合計	人

ぼうグラフと表（4）

名前

● ３年生が，９月・10月・11月にけがをした人数を調《しら》べました。

けがをした人数９月

しゅるい	人数（人）
すりきず	7
うちみ	2
切りきず	5
合計	（　　）

けがをした人数10月

しゅるい	人数（人）
すりきず	5
うちみ	4
切りきず	7
合計	（　　）

けがをした人数11月

しゅるい	人数（人）
すりきず	9
うちみ	3
切りきず	6
合計	（　　）

① 上の表《ひょう》で，合計の数を書きましょう。

② それぞれの月ごとに表《あらわ》した３つの表を，１つの表にせいりしましょう。

9・10・11月のけがをした人数

しゅるい＼月	9月	10月	11月	合計（人）
すりきず	㋐（　　）	（　　）	（　　）	（　　）
うちみ	（　　）	㋑（　　）	（　　）	（　　）
切りきず	（　　）	（　　）	（　　）	㋒（　　）
合計（人）	（　　）	（　　）	（　　）	（　　）

③ 上の表の㋐㋑㋒は，何を表す数でしょうか。

㋐（　　）月の（　　　　）のけがをした人数

㋑（　　）月の（　　　　）のけがをした人数

㋒ 9・10・11月に（　　　　）のけがをした人数の合計

④ すりきず・うちみ・切りきずの合計の中で，いちばん人数が多いのは何でしょうか。

（　　　　）

⑤ けがをした人数が，いちばん多い月は何月でしょうか。

（　　　　）

⑥ 9・10・11月のけがをした人数の表から，けがをしたしゅるいごとに，けがの多いじゅんにぼうグラフにまとめましょう。□に数やことばを書きましょう。

⑦ 9・10・11月でけがをした人数は，全部《ぜんぶ》で何人でしょうか。

（　　　　）人

⑧ うちみのけがをした人数の２倍の人数になっているのは何のけがでしょうか。

（　　　　）

9・10・11月のけがをした人数

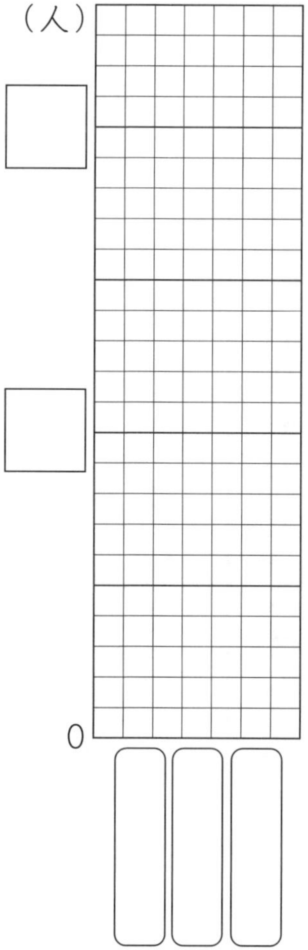

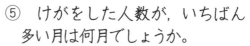

ふりかえりテスト ぼうグラフと表

名前

1 3年2組ですきな動物《どうぶつ》の人数を調《しら》べました。下のぼうグラフを見て答えましょう。(6×3)

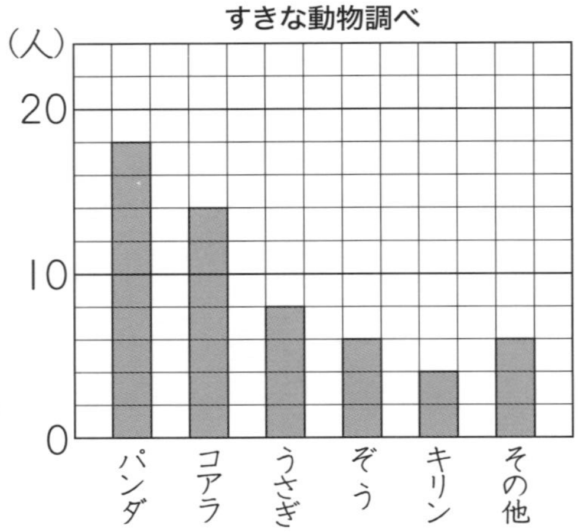

① グラフの1目もりは何人を表《あらわ》していますか。　(　　　)人

② いちばん人数が多い動物は何ですか。また，何人ですか。
動物(　　　　)　人数(　　　)人

2 下の表《ひょう》は5人が山でくりを拾《ひろ》った数をまとめたものです。

拾ったくりの数（こ）

そう	なみ	めい	れん	さな	合計
22	18	20	24	16	(　　)

① 合計を表に書きましょう。(6)

② グラフの1目もりは何こにすればよいでしょうか。(6)　(　　　)こ

③ 拾った数の多いじゅんに，ぼうグラフにまとめましょう。また，□と(　)にあてはまる数とことばを書きましょう。(20)

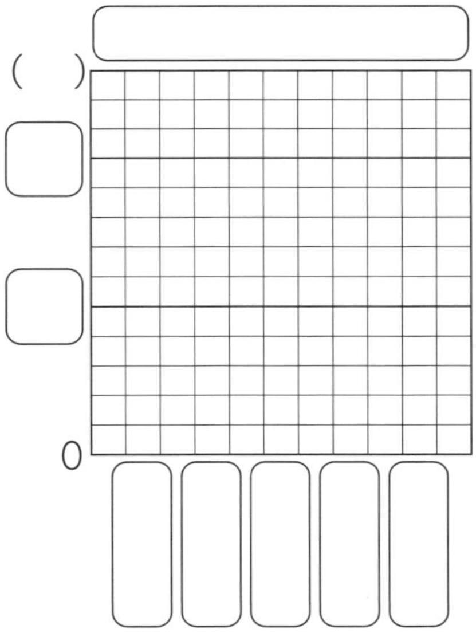

3 下のぼうグラフは，5月にほけん室に来た人の数を学年べつに表したものです。

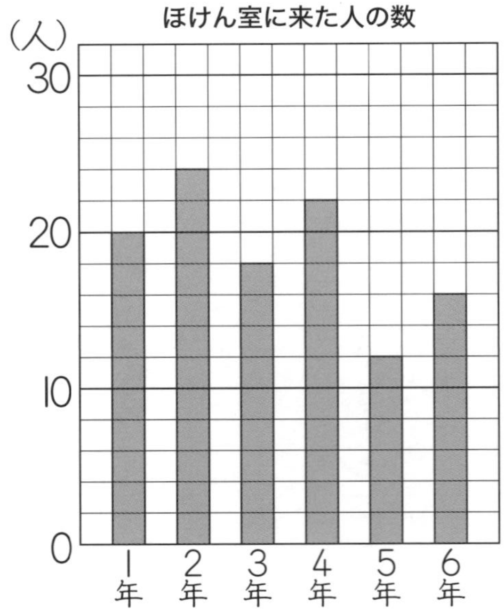

ほけん室に来た人の数

学年	人数(人)
1年	20
2年	
3年	18
4年	22
5年	
6年	16
合計	

① 表のあいているところに数を入れましょう。(6×3)

② 5月に，ほけん室に来た人数がいちばん多いのは何年生ですか。(8)
(　　　　　)

③ 2年生と5年生では，ほけん室に来た人数はどちらが何人多いですか。(8)
(　　　　　)

④ 3年生と6年生では，ほけん室に来た人数はどちらが何人多いですか。(8)
(　　　　　)

⑤ 5年生の2倍の人数になっているのは何年生ですか。(8)
(　　　　　)

P.2

九九の表とかけ算（1）
名前

1 次の九九の表《ひょう》をかんせいさせましょう。

かけられる数 ＼ かける数	1	2	3	4	5	6	7	8	9
1	1	2	3	4	5	6	7	8	9
2	2	4	6	8	10	12	14	16	18
3	3	6	9	12	15	18	21	24	27
4	4	8	12	16	20	24	28	32	36
5	5	10	15	20	25	30	35	40	45
6	6	12	18	24	30	36	42	48	54
7	7	14	21	28	35	42	49	56	63
8	8	16	24	32	40	48	56	64	72
9	9	18	27	36	45	54	63	72	81

2 ① 九九の答えが，18になる九九を，全部《ぜんぶ》書きましょう。
（2×9）（9×2）（3×6）（6×3）
② 九九の答えが，24になる九九を，全部書きましょう。
（3×8）（8×3）（4×6）（6×4）
③ 九九の答えが，36になる九九を，全部書きましょう。
（4×9）（9×4）（6×6）

2

九九の表とかけ算（2）
かけ算のきまり
名前

1 □の中に数字を入れましょう。

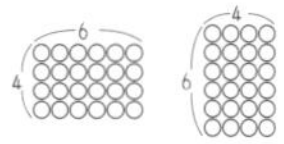

① 4×6＝6×4
② 6×9＝9×6
③ 5×7＝7×5
④ 7×4＝4×7
⑤ 3×8＝8×3

2 □の中に数字を入れましょう。
① 6×3＝6×2＋6
② 7×5＝7×4＋7
③ 6×7＝6×6＋6
④ 4×7＝4×8－4
⑤ 8×5＝8×4＋8
⑥ 3×7＝3×8－3

3 □の中に数字を入れましょう。
① 8×6〈 3×6＝18 / 5×6＝30　あわせて 48
② 7×8〈 7×5＝35 / 7×3＝21　あわせて 56

P.3

九九の表とかけ算（3）
10のかけ算
名前

1 どんぐりは，全部《ぜんぶ》で何こあるでしょうか。どんぐりの数をもとめる式を，2つ書きましょう。

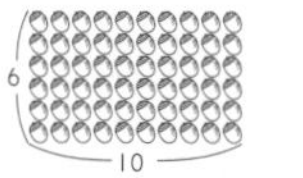

① 6×10＝60　② 10×6＝60

2 10のかけ算をしましょう。
① 7×10＝70　② 10×4＝40
③ 3×10＝30　④ 10×0＝0

3 1箱《はこ》10こ入りのまんじゅうが，6箱あります。まんじゅうは，全部で何こありますか。
式 10×6＝60　答え 60こ

4 花たばを7たば作ります。1たばに花を10本ずつ入れると，花は全部で何本いるでしょうか。
式 10×7＝70　答え 70本

3

九九の表とかけ算（4）
0のかけ算
名前

1 おはじきで，点とりゲームをしました。とく点を調《しら》べましょう。

① あおいさんのとく点

おはじきの点数（点）	5	3	1	0	合計
入った数（こ）	2	5	0	3	10
とく点（点）	10	15	0	0	25

② たくやさんのとく点

おはじきの点数（点）	5	3	1	0	合計
入った数（こ）	3	4	3	0	10
とく点（点）	15	12	3	0	30

③ どちらの合計とく点が多いですか。
（たくや）さん

2 0のかけ算をしましょう。
① 4×0＝0　② 0×7＝0
③ 7×0＝0　④ 0×2＝0
⑤ 3×0＝0　⑥ 0×8＝0

P.4

九九の表とかけ算（5）
10より大きい数のかけ算
名前

● あめが，1ふくろに15こずつ入っています。ふくろは4ふくろあります。あめは，全部《ぜんぶ》で何こあるでしょうか。

① さくらさんの考え
（15を7と8に分けて）
15×4〈 7×4＝28 / 8×4＝32　あわせて 60

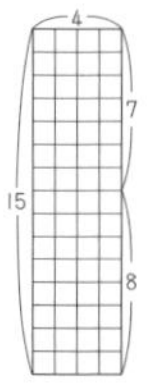

② りょうたさんの考え
（15を10と5に分けて）
15×4〈 10×4＝40 / 5×4＝20　あわせて 60

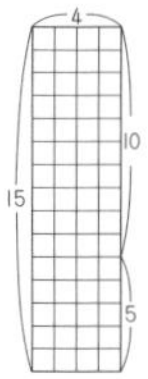

4

九九の表とかけ算（6）
10より大きい数のかけ算
名前

1 絵具《えのぐ》が，1箱《はこ》に14本ずつ入っています。箱が6箱あると，絵具は全部《ぜんぶ》で何本あるでしょうか。

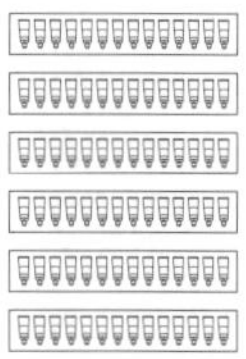

① 14を10と4に分けて
14×6〈 10×6＝60 / 4×6＝24　あわせて 84

② 14を7と7に分けて
14×6〈 7×6＝42 / 7×6＝42　あわせて 84

2 16×5の答えを，いろいろなしかたで，もとめましょう。
（例）16×5〈 10×5＝50 / 6×5＝30　あわせて 80
② 16×5〈 8×5＝40 / 8×5＝40　あわせて 80

P.5

ふりかえりテスト　九九の表とかけ算
名前

1 九九表《ひょう》を見て答えましょう。

かけられる数 ＼ かける数	1	2	3	4	5	6	7	8	9
1	1	2	3	4	5	6	7	8	9
2	2	4	6	8	10	12	14	16	18
3	3	6	9	12	15	18	21	24	27
4	4	8	12	16	20	24	28	32	36
5	5	10	15	20	25	30	35	40	45
6	6	12	18	24	30	36	42	48	54
7	7	14	21	28	35	42	49	56	63
8	8	16	24	32	40	48	56	64	72
9	9	18	27	36	45	54	63	72	81

① □にあてはまる数を書きましょう。(4×3)
㋐ 7×8の答えは，7×7の答えより 7 大きくなります。
㋑ 7×8の答えは，7×9の答えより 7 小さくなります。
㋒ 7×8の答えは，8×7の答えと同じになります。

② 答えが18になるかけ算をすべて書きましょう。(4×4)
（2×9, 9×2, 3×6, 6×3）

2 □にあてはまる数を書きましょう。(3×6)
① 2×6＝12　② 9×8＝72
③ 7×6＝7×5＋7
④ 9×7＝9×8－9
⑤ 8×3＝3×8
⑥ 6×2＝2×6

3 かけ算をしましょう。(3×6)
① 4×10＝40　② 10×8＝80
③ 10×1＝10　④ 5×0＝0
⑤ 2×0＝0　⑥ 0×3＝0

4 1こ10円のチョコレートを6こ買うといくらになりますか。(10)
式 10×6＝60　答え 60円

5 みかんが7ふくろに10こずつ入っています。みかんは，全部《ぜんぶ》で何こでしょう。(10)
式 10×7＝70　答え 70こ

6 □にあてはまる数を書きましょう。(2×8)
① 9×6〈 5×6＝30 / 4×6＝24　あわせて 54
② 4×13〈 4×10＝40 / 4×3＝12　あわせて 52

5

解答

児童に実施させる前に，必ず指導される方が問題を解いてください。本書の解答は，あくまでも１つの例です。指導される方の作られた解答をもとに，本書の解答例を参考に児童の多様な考えに寄り添って○つけをお願いします。

P.6

時こくと時間（1）
名前

1 次《つぎ》の時こくをもとめましょう。

① 午前 10 時 50 分から 30 分後の時こく

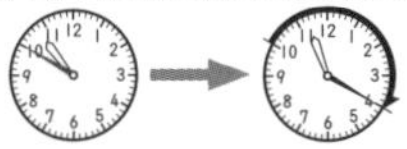

（午前11時20分）

② 午後 3 時 45 分から 45 分後の時こく

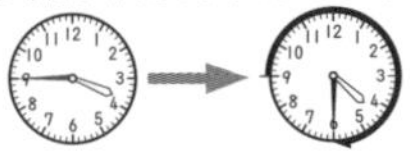

（午後4時30分）

2 次の時こくをもとめましょう。

① 午前 8 時 5 分から 15 分前の時こく

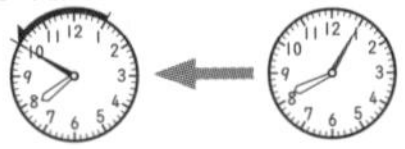

（午前7時50分）

② 午前 11 時 20 分から 50 分前の時こく

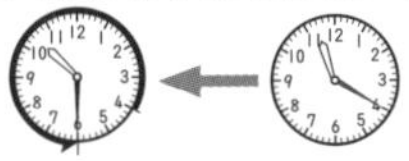

（午前10時30分）

時こくと時間（2）
名前

1 次《つぎ》の時間をもとめましょう。

① 午前 8 時 50 分から午前 9 時 35 分までの時間

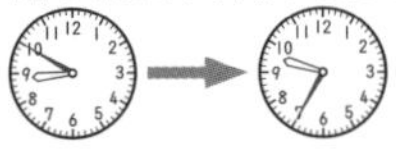

（45分(間)）

② 午前 11 時 20 分から午後 3 時までの時間

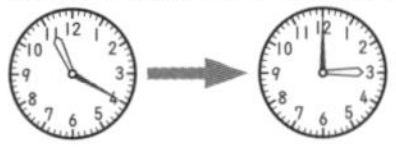

（3時間40分）

2 次の時間は，それぞれ何時間何分ですか。

① 40 分と 30 分をあわせた時間

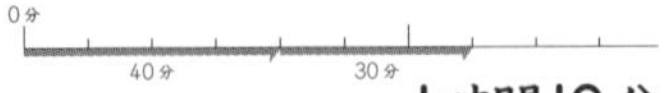

1時間10分

② 1 時間 10 分と 20 分をあわせた時間

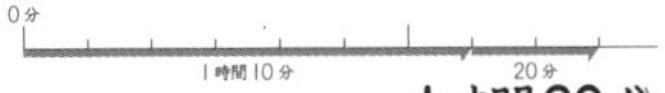

1時間30分

6

P.7

時こくと時間（3）
名前

1 図書館《かん》に行って読書をしました。午後 1 時に読み始《はじ》め，読み終《お》わったのは，午後 2 時 45 分でした。読書をしていた時間は，何時間何分でしょうか。

答え 1時間45分

2 東京を午前 8 時 35 分に出発した新幹線《しんかんせん》は，3 時間で大阪《おおさか》に着きます。大阪に着くのは，何時何分でしょうか。

答え 午前11時間35分

3 野球《やきゅう》の 1 しあい目は，2 時間 25 分かかりました。2 しあい目は，3 時間 15 分かかりました。

① 2 つのしあい時間をあわせると，何時間何分かかったでしょうか。

答え 5時間40分

② 2 しあい目は，1 しあい目より何分長くかかったでしょうか。

答え 50分

7

時こくと時間（4）
名前

1 （　）にあてはまる数を書きましょう。

① 1 分 10 秒 = （70）秒

② 85 秒 = （1）分（25）秒

③ 1 時間 35 分 = （95）分

④ 90 分 = （1）時間（30）分

⑤ 3 分 = （180）秒

⑥ 97 分 = （1）時間（37）分

2 （　）にあてはまる時間のたんいを書きましょう。

① 朝ごはんを食べる時間　20（分）間

② プールにもぐっている時間　15（秒）間

③ すいみん時間　8（時）間

④ 学校の休み時間　10（分）間

P.8

ふりかえりテスト　時こくと時間
名前

1 次《つぎ》の時こくや時間を□に書きましょう。(6×4)

① 午後 1 時 20 分の 40 分後の時こく　午後2時

② 午前 10 時 15 分の 30 分前の時こく　午前9時45分

③ 25 分と 30 分をあわせた時間　55分(間)

④ 午後 2 時 30 分から午後 5 時までの時間　2時間30分

2 □にあてはまる数を書きましょう。(6×3)

① 4 分 = 240 秒

② 80 秒 = 1 分 20 秒

③ 99 分 = 1 時間 39 分

3 短《みじか》い時間のじゅんにならべましょう。(10)

1 時間・1 分・90 秒・100 分

①	②	③	④
1分	90秒	1時間	100分

4 □にあてはまる時間のたんいを書きましょう。(6×3)

① 学校の昼休み時間　30（分）間

② 遠足に行った時間　5（時）間

③ 手をあらう時間　20（秒）間

5 さとしさんは，毎日ピアノの練習《れんしゅう》を 30 分しています。(10×3)

① 午後 4 時 40 分からピアノの練習を始《はじ》めると，終《お》わるのは午後何時何分でしょうか。

答え 午後5時10分

② 練習を午後 6 時 15 分に終わるには，午後何時何分に始めるとよいでしょうか。

答え 午後5時45分

③ 週に一度，ピアノの先生のところで 30 分練習します。先生のところへ行くには，バスで 1 時間 30 分かかります。家を午後 2 時に出ました。ピアノの練習が終わるのは，何時何分でしょうか。

答え 午後4時

8

P.9

わり算（1）
○÷2～○÷4
名前

① 14 ÷ 2 = 7
② 21 ÷ 3 = 7
③ 12 ÷ 4 = 3
④ 12 ÷ 2 = 6
⑤ 32 ÷ 4 = 8
⑥ 6 ÷ 2 = 3
⑦ 18 ÷ 3 = 6
⑧ 27 ÷ 3 = 9
⑨ 8 ÷ 2 = 4
⑩ 18 ÷ 2 = 9
⑪ 28 ÷ 4 = 7
⑫ 15 ÷ 3 = 5
⑬ 4 ÷ 2 = 2
⑭ 16 ÷ 4 = 4
⑮ 36 ÷ 4 = 9
⑯ 24 ÷ 3 = 8
⑰ 12 ÷ 3 = 4
⑱ 4 ÷ 4 = 1
⑲ 24 ÷ 4 = 6
⑳ 16 ÷ 2 = 8
㉑ 2 ÷ 2 = 1
㉒ 10 ÷ 2 = 5
㉓ 20 ÷ 4 = 5
㉔ 9 ÷ 3 = 3
㉕ 8 ÷ 4 = 2

わり算（2）
○÷5～○÷9
名前

① 36 ÷ 9 = 4
② 28 ÷ 7 = 4
③ 54 ÷ 6 = 9
④ 15 ÷ 5 = 3
⑤ 45 ÷ 5 = 9
⑥ 32 ÷ 8 = 4
⑦ 6 ÷ 6 = 1
⑧ 72 ÷ 9 = 8
⑨ 63 ÷ 7 = 9
⑩ 16 ÷ 8 = 2
⑪ 27 ÷ 9 = 3
⑫ 24 ÷ 6 = 4
⑬ 40 ÷ 5 = 8
⑭ 21 ÷ 7 = 3
⑮ 56 ÷ 8 = 7
⑯ 10 ÷ 5 = 2
⑰ 54 ÷ 9 = 6
⑱ 64 ÷ 8 = 8
⑲ 49 ÷ 7 = 7
⑳ 9 ÷ 9 = 1
㉑ 12 ÷ 6 = 2
㉒ 36 ÷ 6 = 6
㉓ 42 ÷ 7 = 6
㉔ 25 ÷ 5 = 5
㉕ 48 ÷ 8 = 6

9

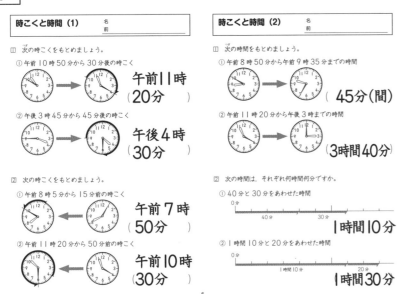

P.10

わり算 (3)

名前

① 28 ÷ 4 = 7	⑪ 15 ÷ 3 = 5	㉑ 27 ÷ 3 = 9
② 8 ÷ 2 = 4	⑫ 42 ÷ 6 = 7	㉒ 36 ÷ 6 = 6
③ 56 ÷ 7 = 8	⑬ 8 ÷ 4 = 2	㉓ 45 ÷ 5 = 9
④ 9 ÷ 3 = 3	⑭ 54 ÷ 9 = 6	㉔ 8 ÷ 8 = 1
⑤ 48 ÷ 6 = 8	⑮ 21 ÷ 3 = 7	㉕ 35 ÷ 7 = 5
⑥ 12 ÷ 6 = 2	⑯ 32 ÷ 4 = 8	㉖ 40 ÷ 5 = 8
⑦ 36 ÷ 4 = 9	⑰ 14 ÷ 2 = 7	㉗ 27 ÷ 9 = 3
⑧ 63 ÷ 7 = 9	⑱ 72 ÷ 9 = 8	㉘ 30 ÷ 6 = 5
⑨ 81 ÷ 9 = 9	⑲ 18 ÷ 2 = 9	㉙ 20 ÷ 5 = 4
⑩ 72 ÷ 8 = 9	⑳ 54 ÷ 6 = 9	㉚ 28 ÷ 7 = 4

めいろは，答えの大きい方をとおりましょう。とおった方の答えを下の□に書きましょう。

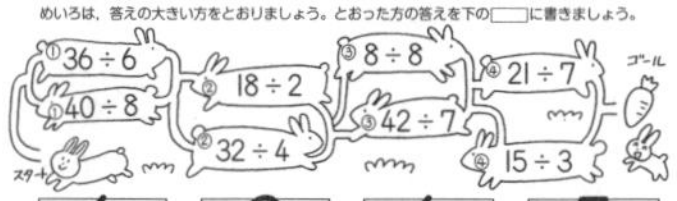

① 6 ② 9 ③ 6 ④ 5

10

わり算 (4)

名前

① 40 ÷ 8 = 5	⑪ 42 ÷ 7 = 6	㉑ 56 ÷ 8 = 7
② 24 ÷ 6 = 4	⑫ 10 ÷ 2 = 5	㉒ 12 ÷ 4 = 3
③ 14 ÷ 7 = 2	⑬ 16 ÷ 2 = 8	㉓ 16 ÷ 8 = 2
④ 15 ÷ 5 = 3	⑭ 18 ÷ 9 = 2	㉔ 12 ÷ 2 = 6
⑤ 21 ÷ 7 = 3	⑮ 30 ÷ 5 = 6	㉕ 10 ÷ 5 = 2
⑥ 48 ÷ 8 = 6	⑯ 35 ÷ 5 = 7	㉖ 49 ÷ 7 = 7
⑦ 36 ÷ 9 = 4	⑰ 32 ÷ 8 = 4	㉗ 24 ÷ 3 = 8
⑧ 7 ÷ 7 = 1	⑱ 24 ÷ 4 = 6	㉘ 18 ÷ 6 = 3
⑨ 63 ÷ 9 = 7	⑲ 18 ÷ 3 = 6	㉙ 25 ÷ 5 = 5
⑩ 45 ÷ 9 = 5	⑳ 24 ÷ 8 = 3	㉚ 64 ÷ 8 = 8

めいろは，答えの大きい方をとおりましょう。とおった方の答えを下の□に書きましょう。

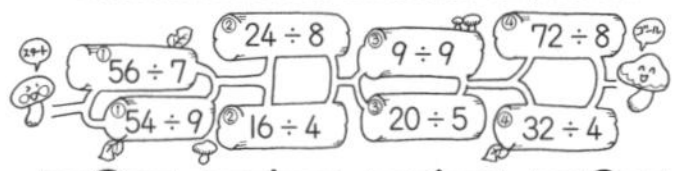

① 8 ② 4 ③ 4 ④ 9

P.11

わり算 (5)

名前

① 12 ÷ 6 = 2	⑪ 3 ÷ 1 = 3	㉑ 21 ÷ 3 = 7
② 18 ÷ 6 = 3	⑫ 7 ÷ 1 = 7	㉒ 54 ÷ 9 = 6
③ 32 ÷ 4 = 8	⑬ 54 ÷ 6 = 9	㉓ 36 ÷ 9 = 4
④ 42 ÷ 6 = 7	⑭ 8 ÷ 8 = 1	㉔ 9 ÷ 3 = 3
⑤ 14 ÷ 2 = 7	⑮ 63 ÷ 7 = 9	㉕ 10 ÷ 5 = 2
⑥ 48 ÷ 6 = 8	⑯ 15 ÷ 3 = 5	㉖ 6 ÷ 2 = 3
⑦ 9 ÷ 1 = 9	⑰ 24 ÷ 8 = 3	㉗ 49 ÷ 7 = 7
⑧ 64 ÷ 8 = 8	⑱ 20 ÷ 5 = 4	㉘ 35 ÷ 5 = 7
⑨ 28 ÷ 4 = 7	⑲ 42 ÷ 7 = 6	㉙ 35 ÷ 7 = 5
⑩ 10 ÷ 2 = 5	⑳ 14 ÷ 7 = 2	㉚ 8 ÷ 4 = 2

めいろは，答えの大きい方をとおりましょう。とおった方の答えを下の□に書きましょう。

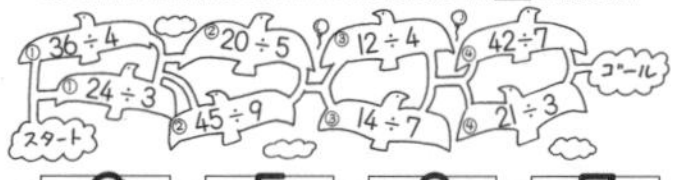

① 9 ② 5 ③ 3 ④ 7

11

わり算 (6)

名前

① 45 ÷ 5 = 9	⑪ 32 ÷ 8 = 4	㉑ 40 ÷ 8 = 5
② 24 ÷ 4 = 6	⑫ 12 ÷ 3 = 4	㉒ 63 ÷ 9 = 7
③ 30 ÷ 6 = 5	⑬ 16 ÷ 2 = 8	㉓ 18 ÷ 2 = 9
④ 36 ÷ 4 = 9	⑭ 72 ÷ 9 = 8	㉔ 81 ÷ 9 = 9
⑤ 20 ÷ 4 = 5	⑮ 21 ÷ 7 = 3	㉕ 25 ÷ 5 = 5
⑥ 24 ÷ 3 = 8	⑯ 27 ÷ 9 = 3	㉖ 56 ÷ 7 = 8
⑦ 16 ÷ 8 = 2	⑰ 27 ÷ 3 = 9	㉗ 40 ÷ 5 = 8
⑧ 6 ÷ 3 = 2	⑱ 18 ÷ 9 = 2	㉘ 16 ÷ 4 = 4
⑨ 30 ÷ 5 = 6	⑲ 56 ÷ 8 = 7	㉙ 12 ÷ 4 = 3
⑩ 28 ÷ 7 = 4	⑳ 15 ÷ 5 = 3	㉚ 18 ÷ 3 = 6

めいろは，答えの大きい方をとおりましょう。とおった方の答えを下の□に書きましょう。

① 2 ② 7 ③ 9 ④ 9

P.12

わり算 (7)

名前

① 72 ÷ 8 = 9	⑪ 35 ÷ 5 = 7	㉑ 30 ÷ 5 = 6
② 36 ÷ 4 = 9	⑫ 56 ÷ 7 = 8	㉒ 40 ÷ 5 = 8
③ 16 ÷ 2 = 8	⑬ 24 ÷ 8 = 3	㉓ 14 ÷ 2 = 7
④ 12 ÷ 4 = 3	⑭ 56 ÷ 8 = 7	㉔ 28 ÷ 4 = 7
⑤ 63 ÷ 7 = 9	⑮ 63 ÷ 9 = 7	㉕ 27 ÷ 3 = 9
⑥ 25 ÷ 5 = 5	⑯ 36 ÷ 9 = 4	㉖ 24 ÷ 6 = 4
⑦ 16 ÷ 4 = 4	⑰ 54 ÷ 6 = 9	㉗ 54 ÷ 9 = 6
⑧ 14 ÷ 7 = 2	⑱ 4 ÷ 2 = 2	㉘ 35 ÷ 7 = 5
⑨ 64 ÷ 8 = 8	⑲ 18 ÷ 9 = 2	㉙ 45 ÷ 5 = 9
⑩ 48 ÷ 8 = 6	⑳ 30 ÷ 6 = 5	㉚ 21 ÷ 3 = 7

めいろは，答えの大きい方をとおりましょう。とおった方の答えを下の□に書きましょう。

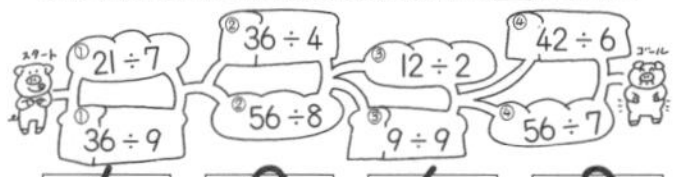

① 4 ② 9 ③ 6 ④ 8

12

わり算 (8)

名前

① 12 ÷ 3 = 4	⑪ 20 ÷ 4 = 5	㉑ 40 ÷ 8 = 5
② 18 ÷ 2 = 9	⑫ 42 ÷ 7 = 6	㉒ 32 ÷ 4 = 8
③ 10 ÷ 2 = 5	⑬ 45 ÷ 9 = 5	㉓ 27 ÷ 9 = 3
④ 72 ÷ 9 = 8	⑭ 18 ÷ 3 = 6	㉔ 8 ÷ 2 = 4
⑤ 7 ÷ 1 = 7	⑮ 32 ÷ 8 = 4	㉕ 20 ÷ 5 = 4
⑥ 15 ÷ 5 = 3	⑯ 18 ÷ 6 = 3	㉖ 12 ÷ 6 = 2
⑦ 9 ÷ 3 = 3	⑰ 48 ÷ 6 = 8	㉗ 42 ÷ 6 = 7
⑧ 16 ÷ 8 = 2	⑱ 24 ÷ 4 = 6	㉘ 21 ÷ 7 = 3
⑨ 24 ÷ 3 = 8	⑲ 81 ÷ 9 = 9	㉙ 49 ÷ 7 = 7
⑩ 12 ÷ 2 = 6	⑳ 36 ÷ 6 = 6	㉚ 15 ÷ 3 = 5

めいろは，答えの大きい方をとおりましょう。とおった方の答えを下の□に書きましょう。

① 5 ② 3 ③ 7 ④ 9

P.13

わり算 (9)

名前

① 18 ÷ 9 = 2	⑪ 15 ÷ 5 = 3	㉑ 9 ÷ 3 = 3
② 42 ÷ 6 = 7	⑫ 24 ÷ 3 = 8	㉒ 27 ÷ 3 = 9
③ 40 ÷ 8 = 5	⑬ 18 ÷ 6 = 3	㉓ 40 ÷ 5 = 8
④ 12 ÷ 3 = 4	⑭ 54 ÷ 9 = 6	㉔ 24 ÷ 8 = 3
⑤ 30 ÷ 6 = 5	⑮ 42 ÷ 7 = 6	㉕ 16 ÷ 2 = 8
⑥ 49 ÷ 7 = 7	⑯ 36 ÷ 4 = 9	㉖ 45 ÷ 5 = 9
⑦ 72 ÷ 9 = 8	⑰ 24 ÷ 6 = 4	㉗ 72 ÷ 8 = 9
⑧ 25 ÷ 5 = 5	⑱ 45 ÷ 9 = 5	㉘ 32 ÷ 4 = 8
⑨ 63 ÷ 7 = 9	⑲ 12 ÷ 4 = 3	㉙ 14 ÷ 2 = 7
⑩ 36 ÷ 9 = 4	⑳ 54 ÷ 6 = 9	㉚ 20 ÷ 5 = 4

めいろは，答えの大きい方をとおりましょう。とおった方の答えを下の□に書きましょう。

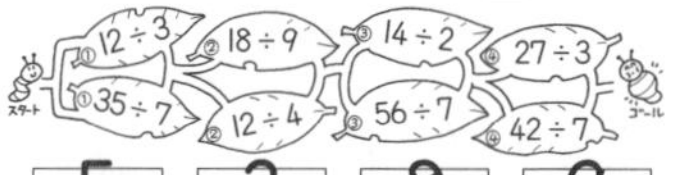

① 5 ② 3 ③ 8 ④ 9

13

わり算 (10)

名前

① 24 ÷ 4 = 6	⑪ 32 ÷ 8 = 4	㉑ 72 ÷ 9 = 8
② 18 ÷ 2 = 9	⑫ 20 ÷ 4 = 5	㉒ 35 ÷ 7 = 5
③ 21 ÷ 3 = 7	⑬ 48 ÷ 8 = 6	㉓ 9 ÷ 1 = 9
④ 56 ÷ 8 = 7	⑭ 63 ÷ 9 = 7	㉔ 12 ÷ 6 = 2
⑤ 18 ÷ 3 = 6	⑮ 30 ÷ 5 = 6	㉕ 27 ÷ 9 = 3
⑥ 36 ÷ 6 = 6	⑯ 81 ÷ 9 = 9	㉖ 28 ÷ 7 = 4
⑦ 6 ÷ 3 = 2	⑰ 48 ÷ 6 = 8	㉗ 21 ÷ 7 = 3
⑧ 10 ÷ 5 = 2	⑱ 5 ÷ 1 = 5	㉘ 10 ÷ 2 = 5
⑨ 16 ÷ 4 = 4	⑲ 64 ÷ 8 = 8	㉙ 16 ÷ 8 = 2
⑩ 35 ÷ 5 = 7	⑳ 14 ÷ 7 = 2	㉚ 15 ÷ 3 = 5

めいろは，答えの大きい方をとおりましょう。とおった方の答えを下の□に書きましょう。

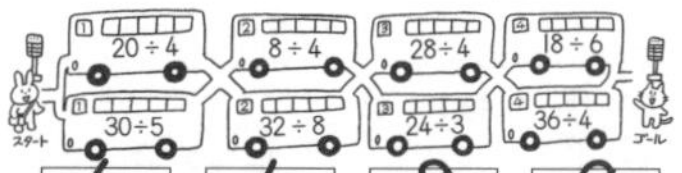

① 6 ② 4 ③ 8 ④ 9

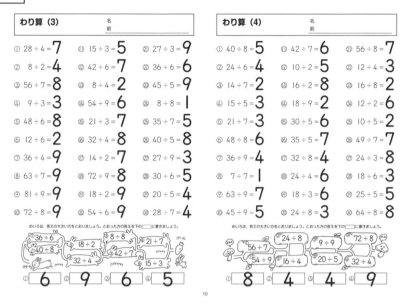

解答

児童に実施させる前に，必ず指導される方が問題を解いてください。本書の解答は，あくまでも１つの例です。指導される方の作られた解答をもとに，本書の解答例を参考に児童の多様な考えに寄り添って○つけをお願いします。

P.14

わり算 (11)　名前

① 21÷3＝7	⑱ 16÷8＝2	㉟ 9÷9＝1
② 48÷8＝6	⑲ 42÷6＝7	㊱ 36÷9＝4
③ 42÷7＝6	⑳ 63÷9＝7	㊲ 4÷2＝2
④ 36÷6＝6	㉑ 3÷3＝1	㊳ 54÷9＝6
⑤ 12÷4＝3	㉒ 8÷1＝8	㊴ 7÷1＝7
⑥ 24÷6＝4	㉓ 18÷6＝3	㊵ 30÷6＝5
⑦ 4÷4＝1	㉔ 8÷4＝2	㊶ 5÷5＝1
⑧ 10÷5＝2	㉕ 21÷7＝3	㊷ 28÷7＝4
⑨ 28÷4＝7	㉖ 9÷1＝9	㊸ 36÷4＝9
⑩ 63÷7＝9	㉗ 81÷9＝9	㊹ 2÷2＝1
⑪ 72÷9＝8	㉘ 56÷7＝8	㊺ 54÷6＝9
⑫ 1÷1＝1	㉙ 18÷9＝2	㊻ 2÷1＝2
⑬ 45÷5＝9	㉚ 72÷8＝9	㊼ 40÷5＝8
⑭ 64÷8＝8	㉛ 18÷2＝9	㊽ 10÷2＝5
⑮ 27÷3＝9	㉜ 35÷7＝5	㊾ 56÷8＝7
⑯ 49÷7＝7	㉝ 14÷2＝7	㊿ 24÷3＝8
⑰ 16÷2＝8	㉞ 12÷6＝2	

14

わり算 (12)　名前

① 15÷5＝3	⑬ 8÷8＝1	㉕ 64÷8＝8
② 8÷2＝4	⑭ 35÷5＝7	㉖ 25÷5＝5
③ 6÷3＝2	⑮ 45÷9＝5	㉗ 27÷9＝3
④ 30÷5＝6	⑯ 18÷3＝6	㉘ 24÷4＝6
⑤ 40÷8＝5	⑰ 12÷3＝4	㉙ 4÷1＝4
⑥ 15÷3＝5	⑱ 6÷2＝3	㉚ 16÷4＝4
⑦ 40÷5＝8	⑲ 32÷8＝4	㉛ 20÷5＝4
⑧ 3÷1＝3	⑳ 20÷4＝5	㉜ 54÷9＝6
⑨ 35÷7＝5	㉑ 32÷4＝8	㉝ 6÷6＝1
⑩ 9÷3＝3	㉒ 48÷6＝8	㉞ 16÷8＝2
⑪ 36÷9＝4	㉓ 12÷2＝6	㉟ 24÷6＝4
⑫ 7÷7＝1	㉔ 24÷8＝3	㊱ 14÷7＝2

めいろは，答えの大きい方をとおりましょう。とおった方の答えを下の□に書きましょう。

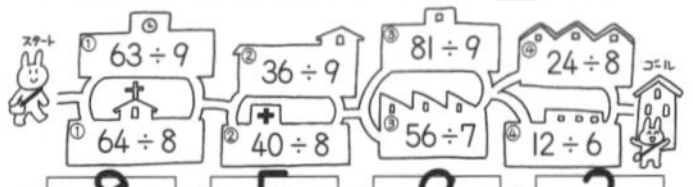

① 8　② 5　③ 9　④ 3

P.15

わり算 (13)　81 問 全ての型　名前

① 24÷3＝8	㉒ 25÷5＝5	㊸ 3÷1＝3	(64) 28÷4＝7
② 18÷9＝2	㉓ 48÷6＝8	㊹ 16÷4＝4	(65) 45÷9＝5
③ 1÷1＝1	㉔ 4÷2＝2	㊺ 54÷9＝6	(66) 16÷2＝8
④ 8÷1＝8	㉕ 42÷6＝7	㊻ 14÷2＝7	(67) 40÷8＝5
⑤ 16÷8＝2	㉖ 36÷6＝6	㊼ 4÷4＝1	(68) 24÷6＝4
⑥ 15÷3＝5	㉗ 8÷2＝4	㊽ 40÷5＝8	(69) 5÷5＝1
⑦ 15÷5＝3	㉘ 63÷9＝7	㊾ 28÷7＝4	(70) 64÷8＝8
⑧ 3÷3＝1	㉙ 10÷2＝5	㊿ 7÷7＝1	(71) 36÷4＝9
⑨ 6÷6＝1	㉚ 18÷6＝3	(51) 36÷9＝4	(72) 72÷9＝8
⑩ 48÷8＝6	㉛ 21÷7＝3	(52) 7÷1＝7	(73) 9÷3＝3
⑪ 32÷8＝4	㉜ 14÷7＝2	(53) 12÷6＝2	(74) 81÷9＝9
⑫ 30÷5＝6	㉝ 6÷2＝3	(54) 8÷4＝2	(75) 56÷7＝8
⑬ 27÷3＝9	㉞ 56÷8＝7	(55) 45÷5＝9	(76) 49÷7＝7
⑭ 27÷9＝3	㉟ 18÷3＝6	(56) 20÷4＝5	(77) 12÷2＝6
⑮ 2÷1＝2	㊱ 42÷7＝6	(57) 20÷5＝4	(78) 72÷8＝9
⑯ 4÷1＝4	㊲ 32÷4＝8	(58) 54÷6＝9	(79) 21÷3＝7
⑰ 63÷7＝9	㊳ 9÷9＝1	(59) 9÷1＝9	(80) 35÷7＝5
⑱ 6÷3＝2	㊴ 35÷5＝7	(60) 24÷8＝3	(81) 18÷2＝9
⑲ 8÷8＝1	㊵ 12÷4＝3	(61) 2÷2＝1	
⑳ 12÷3＝4	㊶ 5÷1＝5	(62) 72÷9＝8	
㉑ 10÷5＝2	㊷ 24÷4＝6	(63) 6÷1＝6	

わり算 (14)　めいろ　名前

● 答えが４か８になるところを通って，ゴールまで行きましょう。

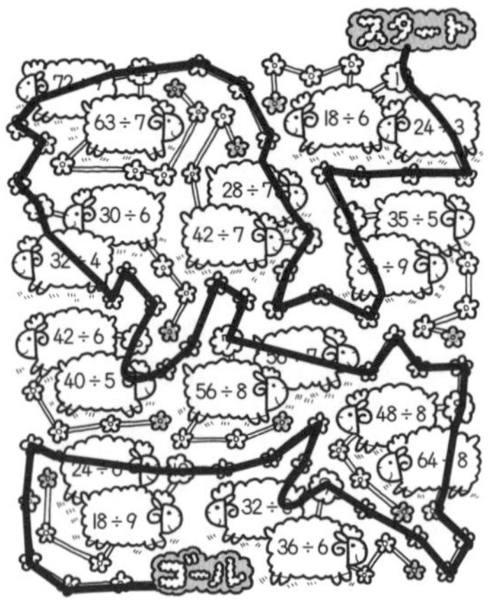

15

P.16

わり算 (15)　文章題①　名前

□1 ケーキが 30 こあります。5 さらに同じ数ずつ分けると，1 さらのケーキは何こになるでしょうか。

式 30÷5＝6

答え 6こ

□2 池のメダカを，18 ぴきとりました。水そうに 6 ぴきずつ入れると，6 ぴき入った水そうは何こできるでしょうか。

式 18÷6＝3

答え 3こ

□3 キャラメルが 48 こあります。1 箱《はこ》に 8 こずつ入っています。キャラメルの箱は何こありますか。

式 48÷8＝6

答え 6こ

□4 子どもが 32 人います。1 グループを 8 人ずつに分けると，何グループできるでしょうか。

式 32÷8＝4

答え 4グループ

16

わり算 (16)　文章題②　名前

□1 8L のお茶を，2L 入るペットボトルに分けて入れます。2L のお茶の入ったペットボトルは何本できるでしょうか。

式 8÷2＝4

答え 4本

□2 45 まいのシールを，9 人に同じ数ずつ分けると，1 人分は何まいになるでしょうか。

式 45÷9＝5

答え 5まい

□3 42m のテープを，6 人で同じ長さに分けます。1 人分は，何 m になるでしょうか。

式 42÷6＝7

答え 7m

□4 36÷9 の式になる問題《もんだい》を作って問題をときましょう。

略

式 36÷9＝4

答え 略

P.17

わり算 (17)　大きい数のわり算①　名前

① 24÷2＝12	① 40÷2＝20
② 33÷3＝11	② 86÷2＝43
③ 84÷4＝21	③ 88÷8＝11
④ 42÷2＝21	④ 48÷2＝24
⑤ 80÷2＝40	⑤ 60÷3＝20
⑥ 69÷3＝23	⑥ 55÷5＝11
⑦ 60÷2＝30	⑦ 30÷3＝10
⑧ 99÷9＝11	⑧ 22÷2＝11
⑨ 66÷2＝33	⑨ 68÷2＝34
⑩ 60÷6＝10	⑩ 80÷4＝20

わり算 (18)　大きい数のわり算②　名前

① 64÷2＝32	① 77÷7＝11
② 39÷3＝13	② 62÷2＝31
③ 48÷4＝12	③ 63÷3＝21
④ 28÷2＝14	④ 84÷2＝42
⑤ 88÷4＝22	⑤ 44÷4＝11
⑥ 40÷4＝10	⑥ 26÷2＝13
⑦ 82÷2＝41	⑦ 88÷2＝44
⑧ 66÷3＝22	⑧ 50÷5＝10
⑨ 46÷2＝23	⑨ 44÷2＝22
⑩ 66÷6＝11	⑩ 36÷3＝12

17

P.18

ふりかえりテスト　わり算

名前

1 計算しましょう。(1×81)

① 4÷4＝ 1
② 28÷7＝ 4
③ 27÷9＝ 3
④ 8÷8＝ 1
⑤ 7÷1＝ 7
⑥ 12÷6＝ 2
⑦ 5÷5＝ 1
⑧ 21÷7＝ 3
⑨ 48÷8＝ 6
⑩ 4÷2＝ 2
⑪ 42÷6＝ 7
⑫ 36÷9＝ 4
⑬ 9÷3＝ 3
⑭ 1÷1＝ 1
⑮ 54÷6＝ 9
⑯ 8÷2＝ 4
⑰ 15÷3＝ 5
⑱ 49÷7＝ 7
⑲ 30÷5＝ 6
⑳ 36÷4＝ 9
㉑ 9÷1＝ 9
㉒ 18÷2＝ 9
㉓ 3÷3＝ 1
㉔ 72÷8＝ 9
㉕ 9÷9＝ 1
㉖ 8÷4＝ 2
㉗ 6÷6＝ 1
㉘ 5÷1＝ 5
㉙ 35÷7＝ 5
㉚ 18÷9＝ 2
㉛ 12÷4＝ 3
㉜ 64÷8＝ 8
㉝ 6÷2＝ 3
㉞ 42÷7＝ 6
㉟ 6÷1＝ 6
㊱ 45÷5＝ 9
㊲ 48÷6＝ 8
㊳ 12÷3＝ 4
㊴ 10÷2＝ 5
㊵ 56÷8＝ 7
㊶ 35÷5＝ 7
㊷ 16÷4＝ 4
㊸ 81÷9＝ 9
㊹ 24÷6＝ 4
㊺ 15÷5＝ 3
㊻ 8÷1＝ 8
㊼ 24÷3＝ 8
㊽ 14÷2＝ 7
㊾ 30÷6＝ 5
㊿ 28÷4＝ 7
(51) 24÷8＝ 3
(52) 21÷3＝ 7
(53) 54÷9＝ 6
(54) 20÷5＝ 4
(55) 3÷1＝ 3
(56) 63÷7＝ 9
(57) 12÷2＝ 6
(58) 63÷9＝ 7
(59) 24÷4＝ 6
(60) 45÷9＝ 5
(61) 56÷7＝ 8
(62) 32÷8＝ 4
(63) 20÷4＝ 5
(64) 27÷3＝ 9
(65) 72÷9＝ 8
(66) 18÷6＝ 3
(67) 10÷5＝ 2
(68) 16÷2＝ 8
(69) 16÷8＝ 2
(70) 4÷1＝ 4
(71) 40÷8＝ 5
(72) 2÷2＝ 1
(73) 36÷6＝ 6
(74) 6÷3＝ 2
(75) 7÷7＝ 1
(76) 32÷4＝ 8
(77) 18÷3＝ 6
(78) 14÷7＝ 2
(79) 2÷1＝ 2
(80) 40÷5＝ 8
(81) 25÷5＝ 5

2 お金が72円あります。１まい８円の色紙を，何まい買うことができるでしょうか。(4)

式 72÷8＝9　　答え 9まい

3 魚を32ひきつりました。８人で同じ数ずつ分けると，１人分は何びきになるでしょうか。(5)

式 32÷8＝4　　答え 4ひき

4 だんごを12こ作りました。家族《かぞく》３人で同じ数ずつ食べると，１人何こ食べられるでしょうか。(5)

式 12÷3＝4　　答え 4こ

5 宿題《しゅくだい》ドリルが，64ページあります。１日に８ページずつすると，何日で終《お》わるでしょうか。(5)

式 64÷8＝8　　答え 8日

18

P.19

たし算とひき算の筆算 (1)

たし算　くり上がりなし　　名前

① 151＋324＝475	② 455＋423＝878	③ 138＋61＝199	④ 303＋74＝377
⑤ 250＋538＝788	⑥ 100＋169＝269	⑦ 142＋625＝767	⑧ 268＋730＝998
⑨ 125＋264＝389	⑩ 305＋504＝809	⑪ 234＋153＝387	⑫ 185＋302＝487
⑬ 257＋632＝889	⑭ 352＋216＝568	⑮ 242＋337＝579	⑯ 122＋456＝578

たし算とひき算の筆算 (2)

たし算　くり上がり１回　　名前

① 315＋268　583	② 148＋544　692	③ 254＋118　372	④ 108＋263　371
⑤ 507＋68　575	⑥ 383＋45　428	⑦ 225＋66　291	⑧ 328＋146　474
⑨ 166＋351　517	⑩ 119＋762　881	⑪ 118＋672　790	⑫ 253＋184　437

めいろは，答えの大きい方をとおりましょう。とおった方の答えを下の□に書きましょう。

① 583　② 367　③ 460

19

P.20

たし算とひき算の筆算 (3)

たし算　くり上がり２回　　名前

① 378＋427＝805	② 397＋215＝612	③ 258＋563＝821	④ 188＋326＝514
⑤ 186＋718＝904	⑥ 824＋98＝922	⑦ 255＋147＝402	⑧ 277＋434＝711
⑨ 361＋99＝460	⑩ 177＋436＝613	⑪ 187＋325＝512	⑫ 258＋264＝522
⑬ 168＋453＝621	⑭ 195＋626＝821	⑮ 197＋195＝392	⑯ 202＋98＝300

たし算とひき算の筆算 (4)

たし算　くり上がり２回　　名前

① 212+198　410	② 177+465　642	③ 295+328　623	④ 368+454　822
⑤ 348+175　523	⑥ 352+269　621	⑦ 278+456　734	⑧ 729+185　914
⑨ 184+256　440	⑩ 285+486　771	⑪ 249+182　431	⑫ 197+326　523

めいろは，答えの大きい方をとおりましょう。とおった方の答えを下の□に書きましょう。

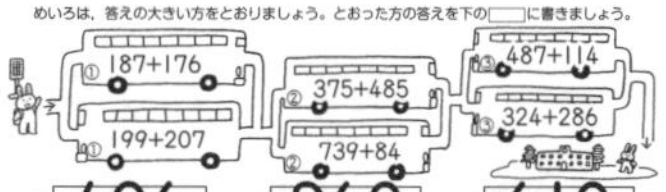

① 406　② 860　③ 610

20

P.21

たし算とひき算の筆算 (5)

4けたになるたし算　　名前

① 456＋783＝1239	② 580＋426＝1006	③ 943＋848＝1791	④ 725＋672＝1397
⑤ 187＋906＝1093	⑥ 888＋436＝1324	⑦ 362＋871＝1233	⑧ 295＋726＝1021
⑨ 958＋326＝1284	⑩ 796＋258＝1054	⑪ 345＋672＝1017	⑫ 854＋437＝1291
⑬ 377＋848＝1225	⑭ 956＋484＝1440	⑮ 416＋672＝1088	⑯ 508＋543＝1051

たし算とひき算の筆算 (6)

いろいろな型のたし算　　名前

① 363＋278　641	② 288＋173　461	③ 355＋428　783	④ 239＋746　985
⑤ 489＋77　566	⑥ 218＋635　853	⑦ 253＋384　637	⑧ 115＋572　687
⑨ 894＋538　1432	⑩ 888＋999　1887	⑪ 974＋643　1617	⑫ 789＋269　1058

めいろは，答えの大きい方をとおりましょう。とおった方の答えを下の□に書きましょう。

① 740　② 1003　③ 921

21

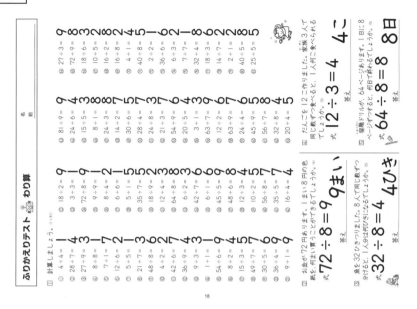

解答

児童に実施させる前に，必ず指導される方が問題を解いてください。本書の解答は，あくまでも１つの例です。指導される方の作られた解答をもとに，本書の解答例を参考に児童の多様な考えに寄り添って○つけをお願いします。

P.22

たし算とひき算の筆算 (7)
ひき算　くり下がりなし

名前

①	②	③	④
864	266	756	375
−502	−125	−515	−243
362	141	241	132

⑤	⑥	⑦	⑧
196	578	835	738
−142	−252	−532	−610
54	326	303	128

⑨	⑩	⑪	⑫
147	486	354	538
−125	−182	−120	−305
22	304	234	233

⑬	⑭	⑮	⑯
638	594	267	439
−422	−314	−135	−207
216	280	132	232

たし算とひき算の筆算 (8)
ひき算　くり下がりなし

名前

① 630−400	② 386−150	③ 528−220	④ 457−115
230	236	308	342

⑤ 678−356	⑥ 357−334	⑦ 736−521	⑧ 859−725
322	23	215	134

⑨ 247−135	⑩ 461−260	⑪ 813−410	⑫ 123−111
112	201	403	12

めいろは，答えの大きい方をとおりましょう。とおった方の答えを下の□に書きましょう。

① 640　② 120　③ 31

P.23

たし算とひき算の筆算 (9)
ひき算　くり下がり１回

名前

①	②	③	④
642	348	126	200
−250	−119	−83	−160
392	229	43	40

⑤	⑥	⑦	⑧
726	237	504	838
−543	−184	−361	−293
183	53	143	545

⑨	⑩	⑪	⑫
416	380	546	208
−285	−254	−182	−170
131	126	364	38

⑬	⑭	⑮	⑯
918	343	631	523
−509	−92	−218	−317
409	251	413	206

たし算とひき算の筆算 (10)
ひき算　くり下がり１回

名前

① 246−185	② 259−164	③ 426−154	④ 631−318
61	95	272	313

⑤ 537−408	⑥ 336−208	⑦ 800−220	⑧ 179−80
129	128	580	99

⑨ 462−354	⑩ 711−540	⑪ 306−212	⑫ 982−357
108	171	94	625

めいろは，答えの大きい方をとおりましょう。とおった方の答えを下の□に書きましょう。

① 126　② 132　③ 64

P.24

たし算とひき算の筆算 (11)
ひき算　くり下がり２回

名前

①	②	③	④
214	534	426	708
−166	−355	−258	−229
48	179	168	479

⑤	⑥	⑦	⑧
267	905	612	820
−178	−237	−386	−428
89	668	226	392

⑨	⑩	⑪	⑫
801	620	705	304
−259	−477	−467	−258
542	143	238	46

⑬	⑭	⑮	⑯
900	100	500	400
−638	−46	−296	−66
262	54	204	334

たし算とひき算の筆算 (12)
ひき算　くり下がり２回

名前

① 274−188	② 312−53	③ 605−476	④ 432−195
86	259	129	237

⑤ 301−192	⑥ 504−378	⑦ 408−159	⑧ 703−536
109	126	249	167

⑨ 800−88	⑩ 500−377	⑪ 400−337	⑫ 900−755
712	123	63	145

めいろは，答えの大きい方をとおりましょう。とおった方の答えを下の□に書きましょう。

① 197　② 374　③ 218

P.25

たし算とひき算の筆算 (13)
1000 からのひき算

名前

1

①	②	③	④
1000	1000	1000	1000
−600	−70	−8	−150
400	930	992	850

⑤	⑥	⑦	⑧
1000	1000	1000	1000
−508	−292	−355	−406
492	708	645	594

2

① 1000−920	② 1000−48	③ 1000−333	④ 1000−107
80	952	667	893

めいろは，答えの大きい方をとおりましょう。とおった方の答えを下の□に書きましょう。

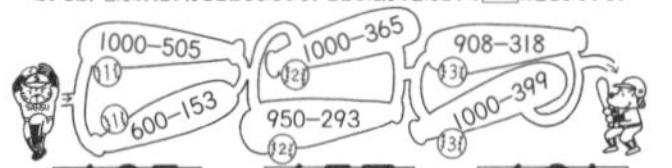

① 495　② 657　③ 601

たし算とひき算の筆算 (14)
いろいろな型のひき算

名前

①	②	③	④
672	293	726	506
−245	−107	−407	−391
427	186	319	115

⑤	⑥	⑦	⑧
357	418	614	120
−219	−143	−258	−85
138	275	356	35

⑨	⑩	⑪	⑫
794	812	461	507
−384	−586	−194	−318
410	226	267	189

⑬	⑭	⑮	⑯
841	1000	300	170
−550	−471	−279	−122
291	529	21	48

児童に実施させる前に，必ず指導される方が問題を解いてください。本書の解答は，あくまでも１つの例です。指導される方の作られた解答をもとに，本書の解答例を参考に児童の多様な考えに寄り添って○つけをお願いします。

解答

P.26

たし算とひき算の筆算（15）
いろいろな型のひき算

名前

①	417−225	192
②	609−333	276
③	523−251	272
④	237−91	146
⑤	400−186	214
⑥	505−236	269
⑦	803−367	436
⑧	251−177	74
⑨	740−458	282
⑩	1000−195	805
⑪	152−60	92
⑫	918−260	658

めいろは，答えの大きい方をとおりましょう。とおった方の答えを下の□に書きましょう。

① 628　② 371　③ 185

26

たし算とひき算の筆算（16）
めいろ

名前

● 答えの大きい方をとおりましょう。
とおった方の答えを下の□に書きましょう。

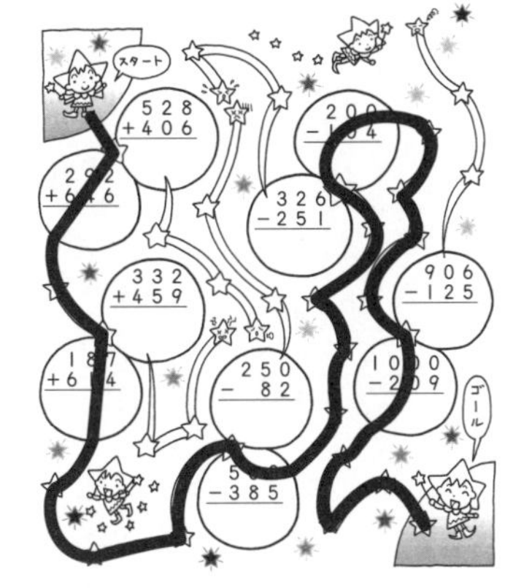

☆1 938　☆2 801　☆3 178　☆4 96　☆5 791

P.27

たし算とひき算の筆算（17）
4けたのたし算

名前

①	1236 + 325	1561
②	2927 + 348	3275
③	703 + 5495	6198
④	1955 + 548	2503
⑤	1687 + 2318	4005
⑥	1856 + 3749	5605
⑦	857 + 1568	2425
⑧	1520 + 2691	4211
⑨	2567 + 4705	7272
⑩	3945 + 4876	8821
⑪	1856 + 2677	4533
⑫	1889 + 5726	7615

27

たし算とひき算の筆算（18）
4けたのたし算

名前

①	3003+1299	4302
②	1587+1296	2883
③	1754+873	2627
④	2588+1769	4357
⑤	6946+485	7431
⑥	2798+3606	6404
⑦	1963+4089	6052
⑧	955+7218	8173
⑨	1838+2673	4511

めいろは，答えの大きい方をとおりましょう。とおった方の答えを下の□に書きましょう。

① 6613　② 9760　③ 3050

P.28

たし算とひき算の筆算（19）
4けたのひき算

名前

①	3166 − 1072	2094
②	4215 − 2403	1812
③	2008 − 752	1256
④	1258 − 779	479
⑤	2343 − 1575	768
⑥	6344 − 3595	2749
⑦	3624 − 1251	2373
⑧	5012 − 2574	2438
⑨	8005 − 5187	2818
⑩	5340 − 1862	3478
⑪	7154 − 2386	4768
⑫	2362 − 1578	784

28

たし算とひき算の筆算（20）
4けたのひき算

名前

①	2366−727	1639
②	4008−2560	1448
③	5273−3428	1845
④	4537−1789	2748
⑤	2100−746	1354
⑥	8000−5492	2508
⑦	3451−2634	817
⑧	6032−3417	2615
⑨	2518−1749	769

めいろは，答えの大きい方をとおりましょう。とおった方の答えを下の□に書きましょう。

① 2819　② 4889　③ 1288

P.29

たし算とひき算の筆算（21）
文章題①

名前

1　動物園《どうぶつえん》に行きます。電車代が 1060 円で，入園りょうが 560 円です。あわせていくらでしょうか。

式 1060+560＝1620

答え 1620 円

2　ひまわりのたねが，1375 こあります。1 年生に 580 こプレゼントすると，のこりは何こになりますか。

式 1375−580＝795

答え 795 こ

3　カードゲームをしました。けんたさんは，187 まいとりました。せいやさんは，けんたさんより 25 まい多くとりました。せいやさんは，何まいとったのでしょうか。

式 187+25＝212

答え 212 まい

4　いちごケーキは，1 こ 920 円です。チーズケーキは，1 こ 640 円です。ちがいは何円ですか。

式 920−640＝280

答え 280 円

29

たし算とひき算の筆算（22）
文章題②

名前

1　268 円のチョコレートを買います。1000 円出すと，おつりは何円になりますか。

式 1000−268＝732

答え 732 円

2　海で貝をとりました。ひろとさんは 145 こで，まおさんは，ひろとさんより 69 こ多くとりました。まおさんは，貝を何ことりましたか。

式 145+69＝214

答え 214 こ

3　なわとびをしました。まさきさんは 284 回，もえさんは 327 回とびました。2 人あわせると，何回になりますか。

式 284+327＝611

答え 611 回

4　あいかさんは，1300 ページある本を，何ページか読んだので，のこりが 871 ページになりました。あいかさんは，本を何ページ読んだのでしょうか。

式 1300−871＝429

答え 429 ページ

29

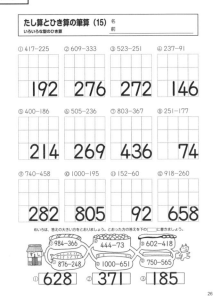

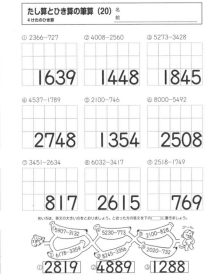

解答

児童に実施させる前に，必ず指導される方が問題を解いてください。本書の解答は，あくまでも１つの例です。指導される方の作られた解答をもとに，本書の解答例を参考に児童の多様な考えに寄り添って○つけをお願いします。

P.30

たし算とひき算の筆算（23）
文章題③　名前

1 1295円の絵具《えのぐ》と，470円のスケッチブックを買いました。代金はあわせていくらでしょうか。

式 1295+470＝1765

答え 1765円

2 ゲームソフトを買うのに，5000円出すと，おつりが1845円でした。ゲームソフトは何円でしょうか。

式 5000−1845＝3155

答え 3155円

3 朝顔のたねが，983こあります。ひまわりのたねは，朝顔のたねより，677こ多かったです。ひまわりのたねは，何こあるでしょうか。

式 983+677＝1660

答え 1660こ

4 だいやさんの小学校の子どもは1760人です。そのうち，女子は872人です。男子は何人でしょうか。

式 1760−872＝888

答え 888人

たし算とひき算の筆算（24）
文章題④　名前

1 赤い羽根《はね》が，1400本あります。助《たす》け合い運動《うんどう》で，825本配《くば》りました。赤い羽根は，あと何本のこっているでしょうか。

式 1400−825＝575

答え 575本

2 ケーキやさんでは，ケーキを１日に，1800こ作ります。シュークリームとケーキをあわせると，2580こになります。シュークリームを，１日に何こ作るのでしょうか。

式 2580−1800＝780

答え 780こ

3 まいさんは，お母さんからバス代780円と，おこづかい850円をもらいました。あわせていくらもらったのでしょうか。

式 780+850＝1630

答え 1630円

4 おり紙が1050まいあります。みんなでおりづるを作るのに使《つか》うと，のこりが383まいになりました。おり紙を，何まい使ったのでしょうか。

式 1050−383＝667

答え 667まい

30

P.31

ふりかえりテスト①　たし算とひき算の筆算
名前

1 筆算で計算しましょう。(5×12)

① 412+386	798	② 375+518
	893	

① 412+386 = 798　② 375+518 = 893
③ 164+667 = 831　④ 5176+1813 = 6989
⑤ 6677+2911 = 9588　⑥ 2977+403 = 3380
⑦ 628−567 = 61　⑧ 1035−387 = 648
⑨ 3506−3110 = 396　⑩ 5008−439 = 4569
⑪ 7314−7296 = 18　⑫ 8000−5894 = 2106

2 りおさんの町の小学生は，3542人です。男子は1827人です。女子は何人でしょうか。(10)

式 3542−1827
＝1715

答え 1715人

3 おはじきが435こあります。妹に何こかあげると，のこりが379こになりました。妹に，何こあげたのでしょうか。(10)

式 435−379＝56

答え 56こ

4 こうたさんは，ちょ金が5550円ありました。おじいさんにおこづかいをもらったので，6500円になりました。おじいさんにいくらもらったのでしょうか。(10)

式 6500−5550
＝950

答え 950円

5 ひまわりのたねがありました。ハムスターが147こ食べたので，のこりが875こになりました。ひまわりのたねは，はじめに何こあったのでしょうか。(10)

式 875+147＝1022

答え 1022こ

31

P.32

ふりかえりテスト②　たし算とひき算の筆算
名前

1 筆算で計算しましょう。(5×12)

① 359+492 = 851　② 286+627 = 913
③ 827+794 = 1621　④ 3948+556 = 4504
⑤ 1366+4508 = 5874　⑥ 2846+5075 = 7921
⑦ 703−466 = 237　⑧ 4000−967 = 3033
⑨ 1825−378 = 1447　⑩ 6078−5189 = 889
⑪ 5003−1086 = 3917　⑫ 4264−2895 = 1369

2 ゆいさんは，散歩《さんぽ》で2764歩，歩きました。そうたさんは，ゆいさんより452歩多く歩きました。そうたさんは，何歩あるいたのでしょうか。(10)

式 2764+452
＝3216

答え 3216歩

3 たいちさんは，カードを275まいもっています。友だちに何まいかもらったので，308まいになりました。カードを何まいもらったのでしょうか。(10)

式 308−275＝33

答え 33まい

4 さやかさんは，3000円もって買い物に行きました。1320円の本と，990円のふで箱を買いました。おつりはいくらでしょうか。(10)

式 1320+990＝2310
3000−2310＝690

答え 690円

5 1450+680の式になるような問題文《もんだいぶん》を作り，答えを出しましょう。(10)

略

式 1450+680＝2130

答え 略

32

P.33

長さ（1）
名前

1 まきじゃくの目もりを読みましょう。

（ 1 ）m（ 20 ）cm（ 2 ）m（ 5 ）cm

2 紙ひこうきをとばしました。とんだきょりを，下の表《ひょう》に書きましょう。

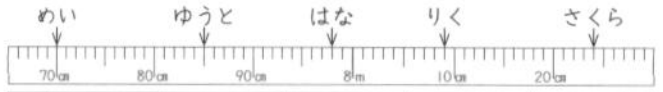

名前	めい	ゆうと	はな	りく	さくら
きょり	7m 70cm	7m 85cm	7m 98cm	8m 9cm	8m 24cm

① だれの紙ひこうきが，いちばん遠くまでとんだでしょうか。

（ さくら ）

② 紙ひこうきがとんだきょりが，いちばん長いのと，いちばん短《みじか》いのとでは，何cmのちがいがあるでしょうか。

式 8m24cm − 7m70cm
＝54cm

答え 54cm

長さ（2）
名前

1 （　）にあてはまるたんいを書き，はかるのに使《つか》うとべんりなものを線でむすびましょう。

① 走りはばとびでとんだきょり　3（ m ）　—　10mのまきじゃく
② 教科書のあつさ　8（ mm ）　—　15cmのものさし
③ むねのまわりの長さ　64（ cm ）　—　1mのまきじゃく

2 次《つぎ》の□にあてはまる数を書きましょう。

① 3km＝ 3000 m
② 4 km 700 m＝4700m
③ 5950m＝ 5 km 950 m
④ 1km200m＝ 1200 m
⑤ 9km500m＝ 9500 m

3 次の□に不等号《ふとうごう》（＞，＜）を書きましょう。

① 1km ＜ 1050m　② 2km100m ＞ 2020m
③ 5km60m ＜ 5600m　④ 2400m ＜ 2km470m

33

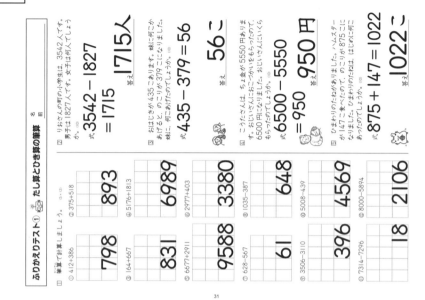

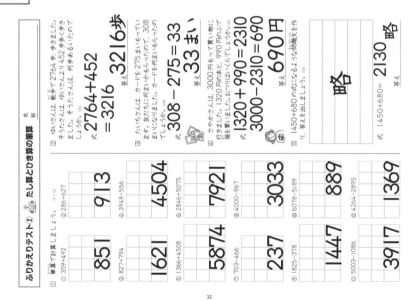

P.34

長さ (3)

名前

● 計算をしましょう。

① 1km300m + 600m = 1km 900 m

② 2km + 3km400m = 5km 400 m

③ 1km200m + 2km200m = 3km400m

④ 5km800m − 3km200m = 2km600m

⑤ 7km500m − 5km = 2km 500 m

⑥ 5km − 500m = 4km 500 m

めいろは，答えの大きい方をとおりましょう。とおった方の答えを下の□に書きましょう。

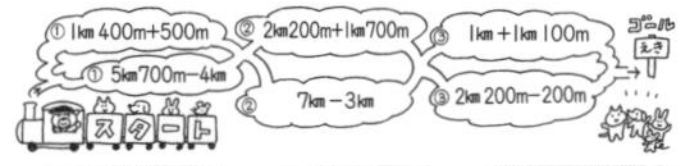

① 1km900m ② 4km ③ 2km100m

34

長さ (4)

名前

● みゆさんが，家から学校へ行きます。下の図を見て，問題《もんだい》に答えましょう。

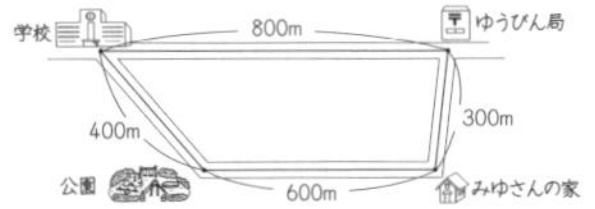

① ゆうびん局《きょく》の前を通って行く道のりは，何ｍでしょうか。
また，それは何km何ｍでしょうか。

式 300m＋800m＝1100m

答え （1100）m，（1）km（100）m

② 公園の前を通って行く道のりは，何ｍでしょうか。
また，それは何kmでしょうか。

式 600m＋400m＝1000m

答え （1000）m，（1）km

③ ゆうびん局の前を通って行くのと，公園の前を通って行くのとでは，道のりはどちらが何ｍ長いでしょうか。

式 1km100m−1km＝100m

答え ゆうびん局の前を通る方が100m長い

P.35

ふりかえりテスト 長さ

名前

1 次《つぎ》のものをはかるには，どれを使《つか》えばべんりでしょう。線でむすびましょう。(2×3)

① プールのたての長さ ― 50ｍのまきじゃく
② 頭のまわりの長さ ― 1ｍのまきじゃく
③ はがきのよこの長さ ― 20cmのものさし

2 □にあてはまる長さのたんいを書きましょう。(4×4)

① えんぴつの長さ　7 cm
② 学校までの道のり　1 km
③ ノートのあつさ　8 mm
④ ある山の高さ　2150 m

3 □に不等号《ふとうごう》(>，<)を書き入れましょう。(4×2)

① 3km500m > 3050m
② 1km < 1001m

4 計算をしましょう。(4×4)

① 1km400m＋600m＝2km
② 2km＋1km800m＝3km800m
③ 5km−500m＝4km500m
④ 8km300m−5km＝3km300m

5 次の□にあてはまる数を書きましょう。(4×4)

① 4km＝4000 m
② 7000m＝7 km
③ 3200m＝3 km 200 m
④ 1km900m＝1900 m

6 下のまきじゃくに，①，②の長さを↓で書きましょう。(4×2)

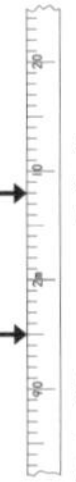

① 1m95cm　② 2m8cm

7 はるかさんが家から図書館《かん》まで行きます。下の地図を見て，問題《もんだい》に答えましょう。(10×3)

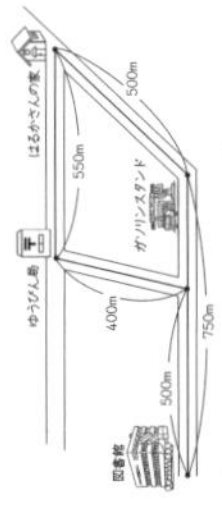

① ガソリンスタンドの前を通って行くと，道のりは何km何ｍになるでしょうか。

式 500m＋750m
＝1250m

答え 1km 250m

② ゆうびん局《きょく》の前を通って行くと，道のりは何km何ｍになるでしょうか。

式 550m＋400m＝950m
950m＋500m＝1450m

答え 1km 450m

③ ゆうびん局前を通って行く道のりと，ガソリンスタンド前を通って行く道のりとでは，どちらが何ｍ長いでしょうか。

式 1km450m−1km250m
＝200m

答え ゆうびん局の前を通る方が200m長い

35

P.36

あまりのあるわり算 (1)
○÷2〜○÷5

名前

① 13÷2＝6 あまり 1
$$\begin{array}{r} -12 \\ \hline 1 \end{array}$$

② 9÷2＝4 あまり 1

③ 17÷2＝8 あまり 1

④ 17÷3＝5 あまり 2

⑤ 7÷3＝2 あまり 1

⑥ 26÷3＝8 あまり 2

① 14÷4＝3 あまり 2
$$\begin{array}{r} -12 \\ \hline 2 \end{array}$$

② 25÷4＝6 あまり 1

③ 31÷4＝7 あまり 3

④ 31÷5＝6 あまり 1

⑤ 17÷5＝3 あまり 2

⑥ 44÷5＝8 あまり 4

あまりのあるわり算 (2)
○÷6〜○÷9

名前

① 29÷6＝4 あまり 5
$$\begin{array}{r} -24 \\ \hline 5 \end{array}$$

② 40÷6＝6 あまり 4

③ 57÷6＝9 あまり 3

④ 31÷7＝4 あまり 3

⑤ 20÷7＝2 あまり 6

⑥ 58÷7＝8 あまり 2

① 35÷8＝4 あまり 3
$$\begin{array}{r} -32 \\ \hline 3 \end{array}$$

② 46÷8＝5 あまり 6

③ 67÷8＝8 あまり 3

④ 33÷9＝3 あまり 6

⑤ 48÷9＝5 あまり 3

⑥ 73÷9＝8 あまり 1

36

P.37

あまりのあるわり算 (3)
○÷2〜○÷4

名前

① 11÷2＝5 あまり 1	① 14÷3＝4 あまり 2	① 10÷4＝2 あまり 2
② 5÷2＝2 あまり 1	② 25÷3＝8 あまり 1	② 15÷4＝3 あまり 3
③ 9÷2＝4 あまり 1	③ 8÷3＝2 あまり 2	③ 22÷4＝5 あまり 2
④ 1÷2＝0 あまり 1	④ 4÷3＝1 あまり 1	④ 37÷4＝9 あまり 1
⑤ 15÷2＝7 あまり 1	⑤ 10÷3＝3 あまり 1	⑤ 1÷4＝0 あまり 1
⑥ 17÷2＝8 あまり 1	⑥ 20÷3＝6 あまり 2	⑥ 26÷4＝6 あまり 2
⑦ 7÷2＝3 あまり 1	⑦ 26÷3＝8 あまり 2	⑦ 7÷4＝1 あまり 3
⑧ 19÷2＝9 あまり 1	⑧ 29÷3＝9 あまり 2	⑧ 18÷4＝4 あまり 2
⑨ 3÷2＝1 あまり 1	⑨ 1÷3＝0 あまり 1	⑨ 33÷4＝8 あまり 1
⑩ 13÷2＝6 あまり 1	⑩ 16÷3＝5 あまり 1	⑩ 27÷4＝6 あまり 3

あまりのあるわり算 (4)
○÷5，○÷6

名前

① 28÷5＝5 あまり 3	① 37÷6＝6 あまり 1	① 41÷6＝6 あまり 5
② 4÷5＝0 あまり 4	② 59÷6＝9 あまり 5	② 2÷6＝0 あまり 2
③ 44÷5＝8 あまり 4	③ 27÷6＝4 あまり 3	③ 56÷6＝9 あまり 2
④ 19÷5＝3 あまり 4	④ 55÷6＝9 あまり 1	④ 22÷6＝3 あまり 4
⑤ 11÷5＝2 あまり 1	⑤ 29÷6＝4 あまり 5	⑤ 25÷6＝4 あまり 1
⑥ 23÷5＝4 あまり 3	⑥ 10÷6＝1 あまり 4	⑥ 32÷6＝5 あまり 2
⑦ 32÷5＝6 あまり 2	⑦ 45÷6＝7 あまり 3	⑦ 51÷6＝8 あまり 3
⑧ 16÷5＝3 あまり 1	⑧ 20÷6＝3 あまり 2	⑧ 16÷6＝2 あまり 4

めいろは，答えの大きい方をとおりましょう。とおった方の答えを下の□に書きましょう。

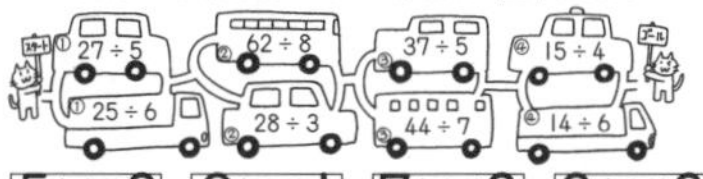

① 5あまり2 ② 9あまり1 ③ 7あまり2 ④ 3あまり3

37

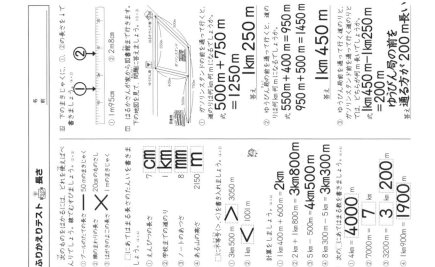

解答

児童に実施させる前に，必ず指導される方が問題を解いてください。本書の解答は，あくまでも１つの例です。指導される方の作られた解答をもとに，本書の解答例を参考に児童の多様な考えに寄り添って○つけをお願いします。

P.38

あまりのあるわり算（5） 名前

○÷ 7，○÷ 8

① 66 ÷ 7 = 9 あまり 3
② 25 ÷ 7 = 3 あまり 4
③ 54 ÷ 7 = 7 あまり 5
④ 20 ÷ 7 = 2 あまり 6
⑤ 12 ÷ 7 = 1 あまり 5
⑥ 16 ÷ 7 = 2 あまり 2
⑦ 36 ÷ 7 = 5 あまり 1
⑧ 6 ÷ 7 = 0 あまり 6
⑨ 64 ÷ 7 = 9 あまり 1
⑩ 9 ÷ 7 = 1 あまり 2

① 40 ÷ 7 = 5 あまり 5
② 4 ÷ 7 = 0 あまり 4
③ 69 ÷ 7 = 9 あまり 6
④ 33 ÷ 7 = 4 あまり 5
⑤ 46 ÷ 7 = 6 あまり 4
⑥ 23 ÷ 7 = 3 あまり 2
⑦ 60 ÷ 7 = 8 あまり 4
⑧ 48 ÷ 7 = 6 あまり 6
⑨ 29 ÷ 7 = 4 あまり 1
⑩ 52 ÷ 7 = 7 あまり 3

① 13 ÷ 8 = 1 あまり 5
② 66 ÷ 8 = 8 あまり 2
③ 51 ÷ 8 = 6 あまり 3
④ 76 ÷ 8 = 9 あまり 4
⑤ 42 ÷ 8 = 5 あまり 2
⑥ 68 ÷ 8 = 8 あまり 4
⑦ 28 ÷ 8 = 3 あまり 4
⑧ 77 ÷ 8 = 9 あまり 5
⑨ 38 ÷ 8 = 4 あまり 6
⑩ 71 ÷ 8 = 8 あまり 7

あまりのあるわり算（6） 名前

○÷ 8，○÷ 9

① 54 ÷ 8 = 6 あまり 6
② 5 ÷ 8 = 0 あまり 5
③ 57 ÷ 8 = 7 あまり 1
④ 26 ÷ 8 = 3 あまり 2
⑤ 49 ÷ 8 = 6 あまり 1
⑥ 75 ÷ 8 = 9 あまり 3
⑦ 21 ÷ 8 = 2 あまり 5
⑧ 63 ÷ 8 = 7 あまり 7

① 28 ÷ 9 = 3 あまり 1
② 43 ÷ 9 = 4 あまり 7
③ 73 ÷ 9 = 8 あまり 1
④ 85 ÷ 9 = 9 あまり 4
⑤ 6 ÷ 9 = 0 あまり 6
⑥ 55 ÷ 9 = 6 あまり 1
⑦ 39 ÷ 9 = 4 あまり 3
⑧ 32 ÷ 9 = 3 あまり 5

① 24 ÷ 9 = 2 あまり 6
② 88 ÷ 9 = 9 あまり 7
③ 62 ÷ 9 = 6 あまり 8
④ 20 ÷ 9 = 2 あまり 2
⑤ 47 ÷ 9 = 5 あまり 2
⑥ 57 ÷ 9 = 6 あまり 3
⑦ 13 ÷ 9 = 1 あまり 4
⑧ 77 ÷ 9 = 8 あまり 5

めいろは，答えの大きい方をとおりましょう。とおった方の答えを下の□に書きましょう。

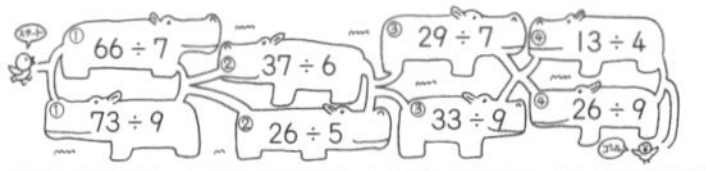

① 9 あまり 3　② 6 あまり 1　③ 4 あまり 1　④ 3 あまり 1

P.39

あまりのあるわり算（7） 名前

① 62 ÷ 7 = 8 あまり 6
② 1 ÷ 2 = 0 あまり 1
③ 11 ÷ 6 = 1 あまり 5
④ 83 ÷ 9 = 9 あまり 2
⑤ 31 ÷ 4 = 7 あまり 3
⑥ 52 ÷ 9 = 5 あまり 7
⑦ 18 ÷ 7 = 2 あまり 4
⑧ 13 ÷ 5 = 2 あまり 3
⑨ 60 ÷ 8 = 7 あまり 4
⑩ 47 ÷ 6 = 7 あまり 5

① 7 ÷ 3 = 2 あまり 1
② 41 ÷ 8 = 5 あまり 1
③ 7 ÷ 6 = 1 あまり 1
④ 84 ÷ 9 = 9 あまり 3
⑤ 23 ÷ 8 = 2 あまり 7
⑥ 38 ÷ 7 = 5 あまり 3
⑦ 79 ÷ 8 = 9 あまり 7
⑧ 41 ÷ 5 = 8 あまり 1
⑨ 70 ÷ 9 = 7 あまり 7
⑩ 67 ÷ 7 = 9 あまり 4

① 59 ÷ 9 = 6 あまり 5
② 48 ÷ 5 = 9 あまり 3
③ 69 ÷ 8 = 8 あまり 5
④ 31 ÷ 7 = 4 あまり 3
⑤ 30 ÷ 9 = 3 あまり 3
⑥ 45 ÷ 7 = 6 あまり 3
⑦ 75 ÷ 9 = 8 あまり 3
⑧ 23 ÷ 4 = 5 あまり 3
⑨ 58 ÷ 6 = 9 あまり 4
⑩ 9 ÷ 2 = 4 あまり 1

あまりのあるわり算（8） 名前

① 53 ÷ 8 = 6 あまり 5
② 13 ÷ 7 = 1 あまり 6
③ 38 ÷ 9 = 4 あまり 2
④ 47 ÷ 5 = 9 あまり 2
⑤ 57 ÷ 7 = 8 あまり 1
⑥ 11 ÷ 8 = 1 あまり 3
⑦ 22 ÷ 9 = 2 あまり 4
⑧ 5 ÷ 2 = 2 あまり 1

① 24 ÷ 7 = 3 あまり 3
② 59 ÷ 8 = 7 あまり 3
③ 26 ÷ 5 = 5 あまり 1
④ 87 ÷ 9 = 9 あまり 6
⑤ 1 ÷ 8 = 0 あまり 1
⑥ 76 ÷ 9 = 8 あまり 4
⑦ 5 ÷ 4 = 1 あまり 1
⑧ 15 ÷ 9 = 1 あまり 6

① 3 ÷ 9 = 0 あまり 3
② 13 ÷ 4 = 3 あまり 1
③ 27 ÷ 5 = 5 あまり 2
④ 73 ÷ 8 = 9 あまり 1
⑤ 55 ÷ 8 = 6 あまり 7
⑥ 71 ÷ 9 = 7 あまり 8
⑦ 19 ÷ 3 = 6 あまり 1
⑧ 11 ÷ 7 = 1 あまり 4

めいろは，答えの大きい方をとおりましょう。とおった方の答えを下の□に書きましょう。

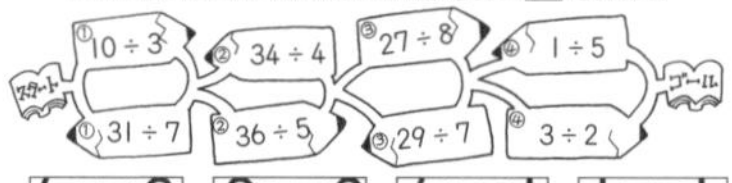

① 4 あまり 3　② 8 あまり 2　③ 4 あまり 1　④ 1 あまり 1

P.40

あまりのあるわり算（9） 名前

① 37 ÷ 8 = 4 あまり 5
② 41 ÷ 7 = 5 あまり 6
③ 19 ÷ 6 = 3 あまり 1
④ 8 ÷ 6 = 1 あまり 2
⑤ 65 ÷ 9 = 7 あまり 2
⑥ 30 ÷ 8 = 3 あまり 6
⑦ 11 ÷ 3 = 3 あまり 2
⑧ 7 ÷ 2 = 3 あまり 1
⑨ 50 ÷ 9 = 5 あまり 5
⑩ 34 ÷ 5 = 6 あまり 4

① 44 ÷ 6 = 7 あまり 2
② 52 ÷ 6 = 8 あまり 4
③ 43 ÷ 8 = 5 あまり 3
④ 60 ÷ 9 = 6 あまり 6
⑤ 51 ÷ 7 = 7 あまり 2
⑥ 46 ÷ 9 = 5 あまり 1
⑦ 42 ÷ 5 = 8 あまり 2
⑧ 17 ÷ 8 = 2 あまり 1
⑨ 74 ÷ 8 = 9 あまり 2
⑩ 10 ÷ 9 = 1 あまり 1

① 55 ÷ 7 = 7 あまり 6
② 34 ÷ 4 = 8 あまり 2
③ 17 ÷ 2 = 8 あまり 1
④ 78 ÷ 8 = 9 あまり 6
⑤ 15 ÷ 7 = 2 あまり 1
⑥ 17 ÷ 5 = 3 あまり 2
⑦ 8 ÷ 9 = 0 あまり 8
⑧ 31 ÷ 6 = 5 あまり 1
⑨ 23 ÷ 3 = 7 あまり 2
⑩ 50 ÷ 6 = 8 あまり 2

あまりのあるわり算（10） 名前

① 12 ÷ 9 = 1 あまり 3
② 50 ÷ 8 = 6 あまり 2
③ 68 ÷ 7 = 9 あまり 5
④ 17 ÷ 4 = 4 あまり 1
⑤ 14 ÷ 8 = 1 あまり 6
⑥ 4 ÷ 6 = 0 あまり 4
⑦ 24 ÷ 5 = 4 あまり 4
⑧ 27 ÷ 7 = 3 あまり 6

① 19 ÷ 7 = 2 あまり 5
② 58 ÷ 8 = 7 あまり 2
③ 61 ÷ 9 = 6 あまり 7
④ 37 ÷ 7 = 5 あまり 2
⑤ 40 ÷ 9 = 4 あまり 4
⑥ 23 ÷ 6 = 3 あまり 5
⑦ 38 ÷ 5 = 7 あまり 3
⑧ 9 ÷ 4 = 2 あまり 1

① 35 ÷ 4 = 8 あまり 3
② 16 ÷ 9 = 1 あまり 7
③ 25 ÷ 8 = 3 あまり 1
④ 82 ÷ 9 = 9 あまり 1
⑤ 17 ÷ 6 = 2 あまり 5
⑥ 11 ÷ 2 = 5 あまり 1
⑦ 33 ÷ 5 = 6 あまり 3
⑧ 50 ÷ 7 = 7 あまり 1

めいろは，答えの大きい方をとおりましょう。とおった方の答えを下の□に書きましょう。

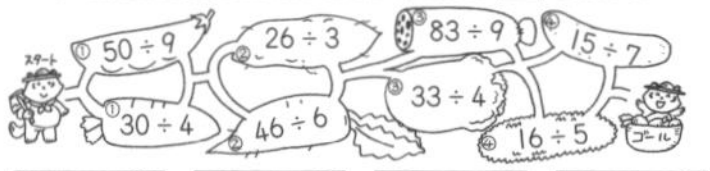

① 7 あまり 2　② 8 あまり 2　③ 9 あまり 2　④ 3 あまり 1

P.41

あまりのあるわり算（11） 名前

① 22 ÷ 8 = 2 あまり 6
② 44 ÷ 9 = 4 あまり 8
③ 5 ÷ 3 = 1 あまり 2
④ 25 ÷ 4 = 6 あまり 1
⑤ 32 ÷ 7 = 4 あまり 4
⑥ 22 ÷ 7 = 3 あまり 1
⑦ 31 ÷ 9 = 3 あまり 4
⑧ 3 ÷ 2 = 1 あまり 1
⑨ 29 ÷ 5 = 5 あまり 4
⑩ 21 ÷ 6 = 3 あまり 3

① 30 ÷ 7 = 4 あまり 2
② 18 ÷ 5 = 3 あまり 3
③ 52 ÷ 8 = 6 あまり 4
④ 5 ÷ 9 = 0 あまり 5
⑤ 21 ÷ 9 = 2 あまり 3
⑥ 34 ÷ 9 = 3 あまり 7
⑦ 18 ÷ 8 = 2 あまり 2
⑧ 9 ÷ 6 = 1 あまり 3
⑨ 28 ÷ 3 = 9 あまり 1
⑩ 66 ÷ 9 = 7 あまり 3

① 27 ÷ 8 = 3 あまり 3
② 37 ÷ 5 = 7 あまり 2
③ 14 ÷ 4 = 3 あまり 2
④ 39 ÷ 5 = 7 あまり 4
⑤ 64 ÷ 9 = 7 あまり 1
⑥ 30 ÷ 4 = 7 あまり 2
⑦ 53 ÷ 9 = 5 あまり 8
⑧ 26 ÷ 6 = 4 あまり 2
⑨ 23 ÷ 9 = 2 あまり 5
⑩ 13 ÷ 2 = 6 あまり 1

あまりのあるわり算（12） 名前

めいろ

● 答えのあまりが３になる方を通ってゴールまで行きましょう。

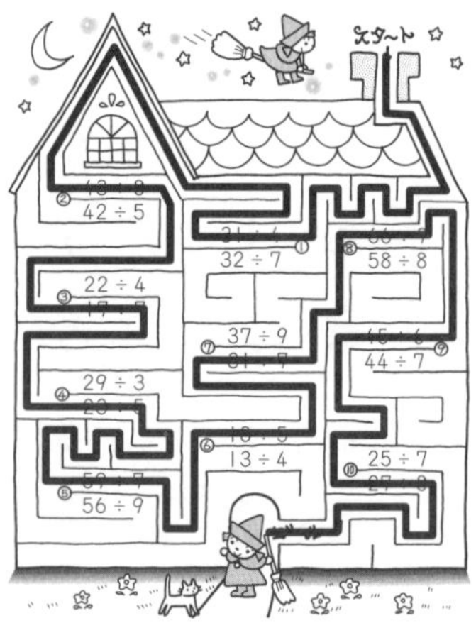

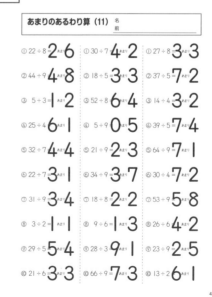

P.42

あまりのあるわり算 (13) 文章題①

名前

1 りんごが 40 こあります。１箱《はこ》に６こずつ入れると，全部《ぜんぶ》のりんごを入れるのに，箱が何こいりますか。

式 40 ÷ 6 = 6 あまり 4

6 + 1 = 7

答え 7こ

2 サンドイッチが 34 こあります。１まいのさらに４こずつのせると，全部のサンドイッチをのせるのに，皿は何まいいりますか。

式 34 ÷ 4 = 8 あまり 2

8 + 1 = 9

答え 9まい

3 子どもが 29 人います。１きゃくの長いすに５人ずつすわると，みんながすわるのに，長いすが何きゃくいりますか。

式 29 ÷ 5 = 5 あまり 4

5 + 1 = 6

答え 6きゃく

4 全部で 76 ページの本があります。１日に９ページずつ読むと，全部読み終《お》わるのに，何日かかりますか。

式 76 ÷ 9 = 8 あまり 4

8 + 1 = 9

答え 9日

あまりのあるわり算 (14) 文章題②

名前

1 みかんが 25 こあります。１ふくろに３こずつ入れます。３こ入ったふくろは，何ふくろできますか。

式 25 ÷ 3 = 8 あまり 1

答え 8ふくろ

2 お金を 65 円持《も》っています。１こ７円のガムは何こ買えますか。

式 65 ÷ 7 = 9 あまり 2

答え 9こ

3 いちごが 45 こあります。１つのケーキを作るのにいちごを８こ使《つか》います。ケーキは何こできますか。

式 45 ÷ 8 = 5 あまり 5

答え 5こ

4 横《よこ》の長さが 26cm の本だながあります。あつさ 3cm の本を立てていくと，本は何さつ立てられますか。

式 26 ÷ 3 = 8 あまり 2

答え 8さつ

P.43

あまりのあるわり算 (15) 文章題③

名前

1 クッキーが 37 まいあります。１人に５まいずつ分けると，何人に分けられるでしょうか。また，クッキーは何まいのこるでしょうか。

式 37 ÷ 5 = 7 あまり 2

答え 7人，あまり2まい

2 チョコレートが，箱《はこ》に 56 こ入っています。１人に６こずつ分けると，何人に分けられて，何こあまるでしょうか。

式 56 ÷ 6 = 9 あまり 2

答え 9人，あまり2こ

3 めだかが 44 ひきいます。８ふくろに，同じ数ずつ分けて入れると，１ふくろ分に何びき入れられて，何びきあまるでしょうか。

式 44 ÷ 8 = 5 あまり 4

答え 5ひき，あまり4ひき

4 18 ÷ 4 の式になる問題《もんだい》を作って問題をときましょう。

略

式 18 ÷ 4 = 4 あまり 2

答え 略

あまりのあるわり算 (16) 文章題④

名前

1 おり紙 60 まいでおりづるを作ります。７人で同じ数ずつ作ると，１人分は何まいになるでしょうか。また，おり紙は何まいあまるでしょうか。

式 60 ÷ 7 = 8 あまり 4

答え 8まい，あまり4まい

2 75m のロープがあります。１本 9m ずつに切り分けていくと，何本に分けられるでしょうか。また，ロープは何 m のこるでしょうか。

式 75 ÷ 9 = 8 あまり 3

答え 8本，あまり3m

3 シールが 22 まいあります。

① １ふくろに４まいずつ入れていくと，４まい入りのふくろは何ふくろできて，シールは何まいのこりますか。

式 22 ÷ 4 = 5 あまり 2

答え 5ふくろ，あまり2まい

② あとシールが２まいあると，４まい入りのふくろは何ふくろできますか。

式 22 + 2 = 24

24 ÷ 4 = 6

答え 6ふくろ

P.44

ふりかえりテスト あまりのあるわり算

名前

1 わり算をしましょう。(2 × 36)

① 27 ÷ 4 = 6 あまり 3
② 54 ÷ 7 = 7 あまり 5
③ 33 ÷ 5 = 6 あまり 3
④ 68 ÷ 7 = 9 あまり 5
⑤ 25 ÷ 6 = 4 あまり 1
⑥ 65 ÷ 8 = 8 あまり 1
⑦ 53 ÷ 9 = 5 あまり 8
⑧ 18 ÷ 7 = 2 あまり 4
⑨ 22 ÷ 5 = 4 あまり 2
⑩ 73 ÷ 9 = 8 あまり 1
⑪ 20 ÷ 6 = 3 あまり 2
⑫ 50 ÷ 8 = 6 あまり 2
⑬ 17 ÷ 3 = 5 あまり 2
⑭ 9 ÷ 7 = 1 あまり 2
⑮ 15 ÷ 6 = 2 あまり 3
⑯ 57 ÷ 9 = 6 あまり 3
⑰ 15 ÷ 9 = 1 あまり 6
⑱ 19 ÷ 2 = 9 あまり 1
⑲ 62 ÷ 7 = 8 あまり 6
⑳ 60 ÷ 8 = 7 あまり 4
㉑ 11 ÷ 5 = 2 あまり 1
㉒ 22 ÷ 9 = 2 あまり 4
㉓ 46 ÷ 6 = 7 あまり 4
㉔ 25 ÷ 8 = 3 あまり 1
㉕ 40 ÷ 6 = 6 あまり 4
㉖ 37 ÷ 7 = 5 あまり 2
㉗ 9 ÷ 4 = 2 あまり 1
㉘ 38 ÷ 4 = 9 あまり 2
㉙ 32 ÷ 6 = 5 あまり 2
㉚ 73 ÷ 8 = 9 あまり 1
㉛ 23 ÷ 7 = 3 あまり 2
㉜ 28 ÷ 3 = 9 あまり 1
㉝ 32 ÷ 9 = 3 あまり 5
㉞ 51 ÷ 6 = 8 あまり 3
㉟ 31 ÷ 8 = 3 あまり 7
㊱ 46 ÷ 5 = 9 あまり 1

2 30 まいの色紙を，７人に同じ数ずつ分けます。１人に何まいずつ配《くば》れて，何まいあまりますか。(7)

式 30 ÷ 7 = 4 あまり 2

答え 4まい，あまり2まい

3 52 このカップケーキを，箱《はこ》に入れます。箱には，６こずつ入ります。６こ入りの箱は何箱できて，カップケーキは何こあまりますか。(7)

式 52 ÷ 6 = 8 あまり 4

答え 8箱，あまり4こ

4 子どもが 27 人います。１そうのボートに４人ずつのると，みんながのるのに，ボートが何そういりますか。(7)

式 27 ÷ 4 = 6 あまり 3

6 + 1 = 7

答え 7そう

5 42m のテープがあります。１人に 5m ずつ配《くば》ると何人に配れますか。(7)

式 42 ÷ 5 = 8 あまり 2

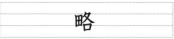

答え 8人

P.45

10000 より大きい数 (1)

名前

1 下の図の紙は，何まいあるか考えましょう。

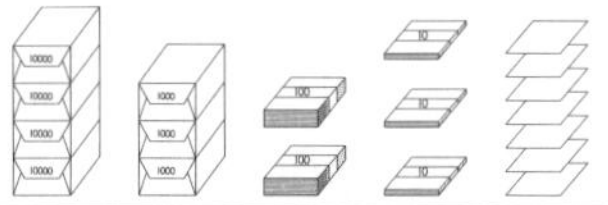

4	3	2	3	7
一万の位	千の位	百の位	十の位	一の位

① 上の表《ひょう》に，位《くらい》にあう数字を入れましょう。

② 紙は全部《ぜんぶ》で何まいありますか。（ 43237 ）まい

③ 紙のまい数の読み方を，漢字《かんじ》で書きましょう。

（ 四万三千二百三十七 ）

2 次《つぎ》の数の，数字は読み方（漢字）に，読み方（漢字）は数字に直しましょう。

①	69843	六万九千八百四十三
②	70506	七万五百六
③	24079	二万四千七十九
④	45008	四万五千八

10000 より大きい数 (2)

名前

1 位《くらい》に気をつけて，次《つぎ》の数を数字で書きましょう。

	一万の位	千の位	百の位	十の位	一の位
① 一万を５こと，千を７こと，百を３こと，十を６こと，一を２こあわせた数	5	7	3	6	2
② 一万を４こと，670 をあわせた数	4	0	6	7	0
③ 一万を７こと，千を９こあわせた数	7	9	0	0	0
④ 一万を８こと，十を１こあわせた数	8	0	0	1	0
⑤ 一万を９こ集《あつ》めた数	9	0	0	0	0

2 □にあてはまる数字を書きましょう。

① 25863 は，一万を 2 こ，千を 5 こ，百を 8 こ，十を 6 こ，一を 3 こあわせた数です。

② 40851 は，一万を 4 こ，百を 8 こ，十を 5 こ，一を 1 こあわせた数です。

③ 97020 は，一万を 9 こ，千を 7 こ，十を 2 こあわせた数です。

児童に実施させる前に，必ず指導される方が問題を解いてください。本書の解答は，あくまでも１つの例です。指導される方の作られた解答をもとに，本書の解答例を参考に児童の多様な考えに寄り添って○つけをお願いします。

P.46

10000 より大きい数 (3)
名前

1 次の数を数字で書き，読み方を漢字《かん》で書きましょう。

	数字	読み方（漢字）
①一万を５こと，千を４こと，百を９こあわせた数	54900	五万四千九百
②一万を 370 こと，104 をあわせた数	3700104	三百七十万百四
③千万を２こと，百万を５こと，十万を８こあわせた数	25800000	二千五百八十万
④千万を６こと，十万を１こあわせた数	60100000	六千十万

2 □にあてはまる数字を書きましょう。

① 37480000 は，千万を 3 こ，百万を 7 こ，十万を 4 こ，一万を 8 こあわせた数です。

② 20905000 は，千万を 2 こ，十万を 9 こ，千を 5 こあわせた数です。

③ 80010600 は，千万を 8 こ，一万を 1 こ，百を 6 こあわせた数です。

10000 より大きい数 (4)
1000 をもとにした数
名前

1 1000 を 26 こ集《あつ》めた数はいくつですか。

1000 1000 1000 1000 1000 1000 1000 1000 1000 1000 | 1000 1000 1000 1000 1000 1000 1000 1000 1000 1000 | 1000 1000 1000 1000 1000 1000

↓ ↓ ↓

10000 | 10000 | 1000 1000 1000 1000 1000 1000

1000 が 26 こ ＜ 1000 が 20 こ → 20000 ／ 1000 が 6 こ → 6000 ＞ 26000

2 □にあてはまる数を書きましょう。

① 1000 を 38 こ集めた数は 38000 です。

② 1000 を 450 こ集めた数は 450000 です。

3 82000 は 1000 を何こ集めた数ですか。

82000 ＜ 80000 → 1000 が 80 こ ／ 2000 → 1000 が 2 こ ＞ 1000 が 82 こ

4 □にあてはまる数を書きましょう。

① 52000 は，1000 を 52 こ集めた数です。

② 710000 は，1000 を 710 こ集めた数です。

P.47

10000 より大きい数 (5)
名前

1 □にあてはまる数を書きましょう。

① 99998 − 99999 − 100000 − 100001 − 100002

② 580 万 − 585 万 − 590万 − 595 万 − 600万

③ 38000 − 39000 − 40000 − 41000 − 42000

2 下の数直線の１目もりの大きさと，あ〜うの数を書きましょう。

① １目もり 1000
（数直線：0，10000，20000，30000，40000）
あ 7000　い 22000　う 35000

② １目もり（10万）
（数直線：0，100 万，200 万，300 万，400 万，500 万）
あ 70万　い 190万　う 430万

③ １目もり（1 万）
（数直線：10 万，20 万，30 万，40 万）
あ 21万　い 29万　う 38万

10000 より大きい数 (6)
１億という数・数の大きさ
名前

1 下の数直線について答えましょう。
（数直線：0，5000 万，ア）

① いちばん小さい１目もりはいくつですか。（1000 万）

② 8000 万を表《あらわ》す目もりに↑をかきましょう。

③ アの目もりが表す数はいくつですか。（ 1億 ）

④ 1000 万を 10 こ集《あつ》めた数を数字で書きましょう。（100000000）

⑤ １億《おく》より１小さい数はいくつですか。99999999

2 次《つぎ》の□にあてはまる不等号《ふとうごう》（＞，＜）を書きましょう。

① 402195 ＞ 398994　② 7329800 ＜ 7867800

③ 390000 ＜ 2120000　④ 600000 ＜ 6000000

めいろは，答えの大きい方をとおりましょう。とおった方の答えを下の□に書きましょう。

① 34400　② 110010　③ 300200　④ 890000

P.48

10000 より大きい数 (7)
名前

・数を 10 倍《ばい》すると，その数字の位《くらい》が１つ上がり，右に０が１こふえる。
・数を 100 倍すると，その数字の位が２つ上がり，右に０が２つふえる。
・数を 1000 倍すると，その数字の位が３つ上がり，右に０が３つふえる。

1 10 倍した数，100 倍した数，1000 倍した数を書きましょう。

① 53 × 10 = 530　② 81 × 10 = 810

③ 21 × 100 = 2100　④ 60 × 100 = 6000

⑤ 47 × 1000 = 47000　⑥ 19 × 1000 = 19000

・一の位に０のある数を 10 でわると，その数の位が１つ下がり，右はしの０が１こへる。

2 10 でわった数を書きましょう。

① 240 ÷ 10 = 24　② 750 ÷ 10 = 75

3 32 を 10 倍しましょう。そして，その数を 10 でわりましょう。

32 —10 倍→ 320 —10 でわる→ 32

4 次《つぎ》の数を，10 倍・100 倍・1000 倍した数はいくつですか。
また，10 でわった数はいくつですか。

	数	10 倍	100 倍	1000 倍	10 でわった数
①	580	5800	58000	580000	58
②	4600	46000	460000	4600000	460

10000 より大きい数 (8)
名前

1 次の計算をしましょう。

① 350 万 ＋ 260 万 = 610 万

② 710 万 ＋ 39 万 = 749 万

③ 540 万 − 180 万 = 360 万

④ 485 万 − 238 万 = 247 万

⑤ 200000 ＋ 58000 = 258000

⑥ 630000 − 40000 = 590000

2 次の計算を，筆算《ひっさん》でしましょう。

① 1957+8606　10563

② 7829+5634　13463

③ 40084+54379　94463

④ 9658−1785　7873

⑤ 8060−4983　3077

⑥ 346500−258600　87900

P.49

10000 より大きい数 (9)
文章題①
名前

1 お姉さんは，ちょ金が 32800 円あります。わたしは，28700 円あります。２人のちょ金をあわせると，何円でしょうか。

式 32800+28700 = 61500

答え 61500 円

2 A 市の人口は，122590 人です。B 市の人口は，136405 人です。B 市は，A 市より何人多いでしょうか。

式 136405−122590 = 13815

答え 13815 人

3 れいぞう庫《こ》を 148800 円で買います。せんたくきもいっしょに買うと，317300 円になります。せんたくきのねだんは，いくらでしょうか。

式 317300−148800 = 168500

答え 168500 円

4 東京から大阪《おおさか》までの新幹線《しんかんせん》代は，13870 円です。名古屋《なごや》までは，大阪までより 3310 円安《やす》いです。名古屋までの新幹線代は何円でしょうか。

式 13870−3310 = 10560

答え 10560 円

10000 より大きい数 (10)
文章題②
名前

1 かばんと洋服《ようふく》を買うと，26780 円でした。かばんは 9800 円でした。洋服は，何円でしょうか。

式 26780−9800 = 16980

答え 16980 円

2 車を 1869000 円で買います。167000 円のカーナビも注文《ちゅうもん》しました。車の代金は，あわせていくらになるでしょうか。

式 1869000+167000 = 2036000

答え 2036000 円

3 わたしは，ちょ金が 38540 円あります。おこづかいを 2500 円もらったので，ちょ金しました。ちょ金は，全部《ぜんぶ》で何円になったでしょうか。

式 38540+2500 = 41040

答え 41040 円

4 工場では，かんづめを１日に 549700 こ作ります。お店に配《はい》たつすると，8900 このこりました。お店に配たつしたかんづめは，何こでしょうか。

式 549700−8900 = 540800

答え 540800 こ

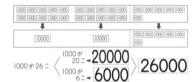

児童に実施させる前に，必ず指導される方が問題を解いてください。本書の解答は，あくまでも１つの例です。指導される方の作られた解答をもとに，本書の解答例を参考に児童の多様な考えに寄り添って○つけをお願いします。

解答

P.50

ふりかえりテスト　10000 より大きい数

名前

① 下の数について答えましょう。(3×2)

１３６０９８０５

① 十万の位《くらい》の数を書きましょう。

（ 6 ）

② 読み方を漢字《かんじ》で書きましょう。

千三百六十万九千八百五

② 次《つぎ》の数を数字で書きましょう。(4×6)

① 一万を 450 こ集《あつ》めた数
（ 4500000 ）

② 百万を２こ，一万を８こあわせた数
（ 2080000 ）

③ 千万を7こ，十万を4こ，千を6こあわせた数
（ 70406000 ）

④ 千を 329 こ集めた数
（ 329000 ）

⑤ 五千三百八万四千
（ 53084000 ）

⑥ 一億七百万
（ 107000000 ）

③ □にあてはまる数を書きましょう。(4×3)

① 460200 は十万を 4 こ，一万を 6 こ，百を 2 こ，あわせた数です。

② 290000 は 200000 と 90000 をあわせた数です。

③ 540000 は，1000 を 540 こ，集めた数です。

④ 次の□にあてはまる数を書きましょう。(3×4)

㋐ 0　10000　20000　30000　40000　50000　60000

① 12000　② 35000

㋑ 0　100万　200万　300万　400万　500万　600万

③ 230万　④ 480万

⑤ □にあてはまる不等号《ふとうごう》を書きましょう。(3×2)

① 54699 ＜ 54700

② 1000000 ＜ 10000000

⑥ □にあてはまる数を書きましょう。(4×3)

① －39800－39900－40000－40100－

② －598万－599万－600万－601万－

③ －9997万－9998万－9999万－1億－

⑦ 次の計算をしましょう。(4×4)

① 370万 + 560万 = 930万

② 400万 − 260万 = 140万

③ 7000 + 9000 = 16000

④ 152000 − 86000 = 66000

⑧ 1900 を 10倍《ばい》，100倍，1000倍した数はいくつですか。また，10 でわった数はいくつですか。(3×4)

10倍 （19000）　100倍 （190000）

1000倍 （1900000）　10でわった数 （ 190 ）

P.51

かけ算の筆算 1 (1)

2けた×1けた　くり上がりなし

名前

①	②	③	④
23	14	32	22
× 3	× 2	× 2	× 4
69	28	64	88

⑤	⑥	⑦	⑧
12	30	11	10
× 4	× 3	× 7	× 8
48	90	77	80

⑨	⑩	⑪	⑫
12	31	41	21
× 3	× 2	× 2	× 4
36	62	82	84

⑬	⑭	⑮	⑯
42	13	70	86
× 2	× 3	× 0	× 1
84	39	0	86

かけ算の筆算 1 (2)

2けた×1けた　くり上がり1回

名前

① 36 × 2	② 37 × 2	③ 16 × 6	④ 24 × 3
72	74	96	72

⑤ 17 × 4	⑥ 25 × 3	⑦ 48 × 2	⑧ 19 × 4
68	75	96	76

⑨ 21 × 6	⑩ 42 × 3	⑪ 27 × 3	⑫ 12 × 5
126	126	81	60

めいろは，答えの大きい方をとおりましょう。とおった方の答えを下の□に書きましょう。

① 99　② 96　③ 189

P.52

かけ算の筆算 1 (3)

2けた×1けた　くり上がり2回

名前

①	②	③	④
35	27	47	38
× 6	× 7	× 3	× 4
210	189	141	152

⑤	⑥	⑦	⑧
68	36	38	33
× 2	× 8	× 5	× 7
136	288	190	231

⑨	⑩	⑪	⑫
39	59	26	46
× 4	× 3	× 6	× 4
156	177	156	184

⑬	⑭	⑮	⑯
47	25	36	24
× 3	× 7	× 7	× 8
141	175	252	192

かけ算の筆算 1 (4)

2けた×1けた　くり上がり2回

名前

① 35 × 8	② 29 × 9	③ 39 × 3	④ 46 × 7
280	261	117	322

⑤ 38 × 6	⑥ 59 × 7	⑦ 34 × 9	⑧ 28 × 8
228	413	306	224

⑨ 36 × 9	⑩ 27 × 8	⑪ 64 × 8	⑫ 19 × 6
324	216	512	114

めいろは，答えの大きい方をとおりましょう。とおった方の答えを下の□に書きましょう。

① 148　② 150　③ 320

P.53

かけ算の筆算 1 (5)

2けた×1けた　いろいろな型

名前

① 24 × 6	② 43 × 3	③ 36 × 4	④ 18 × 6
144	129	144	108

⑤ 47 × 3	⑥ 58 × 8	⑦ 56 × 6	⑧ 33 × 6
141	464	336	198

⑨ 38 × 6	⑩ 57 × 9	⑪ 67 × 5	⑫ 49 × 7
228	513	335	343

⑬ 43 × 3	⑭ 37 × 9	⑮ 16 × 4	⑯ 25 × 6
129	333	64	150

かけ算の筆算 1 (6)

2けた×1けた　いろいろな型

名前

① 65 × 8	② 77 × 6	③ 27 × 3	④ 13 × 6
520	462	81	78

⑤ 53 × 7	⑥ 38 × 6	⑦ 47 × 7	⑧ 74 × 8
371	228	329	592

⑨ 19 × 8	⑩ 46 × 7	⑪ 25 × 9	⑫ 32 × 6
152	322	225	192

めいろは，答えの大きい方をとおりましょう。とおった方の答えを下の□に書きましょう。

① 92　② 560　③ 301

解答

児童に実施させる前に，必ず指導される方が問題を解いてください。本書の解答は，あくまでも１つの例です。指導される方の作られた解答をもとに，本書の解答例を参考に児童の多様な考えに寄り添って○つけをお願いします。

P.54

かけ算の筆算1 (7) 名前
3けた×１けた　くり上がりなし

① 231 × 3 = 693	② 404 × 2 = 808	③ 324 × 2 = 648
④ 314 × 2 = 628	⑤ 232 × 3 = 696	⑥ 423 × 2 = 846
⑦ 424 × 2 = 848	⑧ 324 × 2 = 648	⑨ 132 × 3 = 396
⑩ 224 × 2 = 448	⑪ 113 × 3 = 339	⑫ 312 × 2 = 624

かけ算の筆算1 (8) 名前
3けた×１けた　くり上がり１回

① 335 × 2　670	② 208 × 3　624	③ 246 × 2　492
④ 326 × 3　978	⑤ 293 × 3　879	⑥ 160 × 6　960
⑦ 219 × 2　438	⑧ 438 × 2　876	⑨ 364 × 2　728

めいろは，答えの大きい方をとおりましょう。とおった方の答えを下の□に書きましょう。

① 909　② 468　③ 818

54

P.55

かけ算の筆算1 (9) 名前
3けた×１けた　くり上がり２回

① 233 × 4 = 932	② 307 × 8 = 2456	③ 163 × 6 = 978
④ 356 × 2 = 712	⑤ 218 × 7 = 1526	⑥ 137 × 6 = 822
⑦ 536 × 7 = 3752	⑧ 177 × 4 = 708	⑨ 316 × 4 = 1264
⑩ 234 × 3 = 702	⑪ 126 × 4 = 504	⑫ 405 × 6 = 2430

かけ算の筆算1 (10) 名前
3けた×１けた　くり上がり２回

① 236 × 4　944	② 115 × 8　920	③ 227 × 4　908
④ 207 × 8　1656	⑤ 358 × 2　716	⑥ 432 × 4　1728
⑦ 236 × 3　708	⑧ 681 × 8　5448	⑨ 356 × 2　712

めいろは，答えの大きい方をとおりましょう。とおった方の答えを下の□に書きましょう。

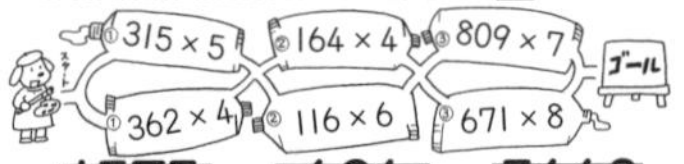

① 1575　② 696　③ 5663

55

P.56

かけ算の筆算1 (11) 名前
3けた×１けた　くり上がり３回

① 438 × 6 = 2628	② 627 × 8 = 5016	③ 567 × 6 = 3402
④ 729 × 7 = 5103	⑤ 346 × 7 = 2422	⑥ 165 × 8 = 1320
⑦ 436 × 6 = 2616	⑧ 977 × 4 = 3908	⑨ 634 × 3 = 1902
⑩ 184 × 6 = 1104	⑪ 267 × 8 = 2136	⑫ 336 × 3 = 1008

かけ算の筆算1 (12) 名前
3けた×１けた　くり上がり３回

① 279 × 4　1116	② 367 × 6　2202	③ 436 × 3　1308
④ 728 × 4　2912	⑤ 694 × 3　2082	⑥ 884 × 6　5304
⑦ 763 × 8　6104	⑧ 587 × 7　4109	⑨ 335 × 6　2010

めいろは，答えの大きい方をとおりましょう。とおった方の答えを下の□に書きましょう。

① 2124　② 1312　③ 3402

56

P.57

かけ算の筆算1 (13) 名前
3けた×１けた　いろいろな型

① 625 × 8　5000	② 304 × 3　912	③ 129 × 8　1032
④ 148 × 7　1036	⑤ 229 × 9　2061	⑥ 167 × 6　1002
⑦ 816 × 4　3264	⑧ 588 × 9　5292	⑨ 174 × 4　696
⑩ 444 × 7　3108	⑪ 238 × 9　2142	⑫ 118 × 6　708

かけ算の筆算1 (14) 名前
めいろ

● 答えの大きい方へすすみましょう。
とおった方の答えを□に書きましょう。

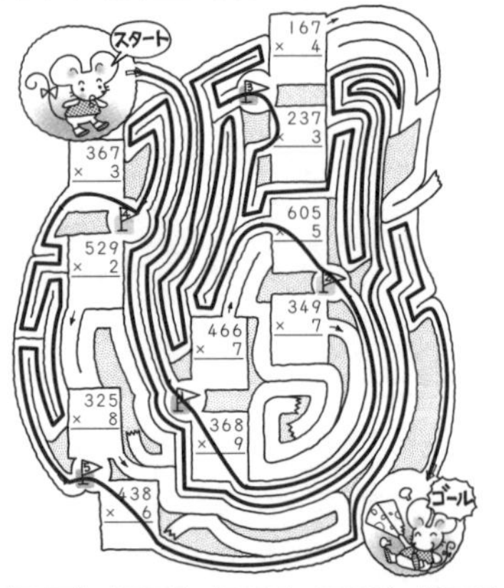

1 3312　2 3025　3 711　4 1101　5 2628

57

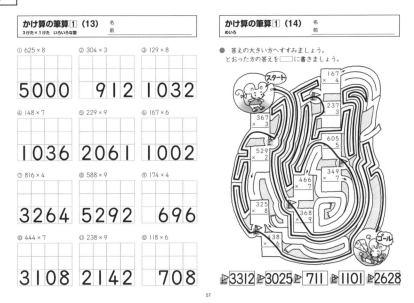

P.58

かけ算の筆算[1]（15）
文章題①
名前

[1] １箱《はこ》に，チョコレートが 28 こずつ入っています。４箱では，チョコレートは全部《ぜんぶ》で何こ入っていますか。

式 28×4＝112

答え 112こ

[2] １パックに，いちごが 18 こずつ入っています。９パックあると，いちごは全部で何こあるでしょうか。

式 18×9＝162

答え 162こ

[3] みうさんは，毎日 48 ページずつ本を読みます。１週間（７日）読むと，本を何ページ読めるでしょうか。

式 48×7＝336

答え 336ページ

[4] 子どもが８人います。１人に 15 まいずつ，色紙を配《くば》ります。色紙は全部で何まいいるでしょうか。

式 15×8＝120

答え 120まい

かけ算の筆算[1]（16）
文章題②
名前

[1] バスが８台あります。１台に 27 人ずつ乗《の》ると，全部《ぜんぶ》で何人になるでしょうか。

式 27×8＝216

答え 216人

[2] １ふくろに，38 このあめを入れます。ふくろを６ふくろ作ると，あめは何こいるでしょうか。

式 38×6＝228

答え 228こ

[3] サッカーのしあいに，９チーム集《あつ》まりました。１チーム 15 人です。全部で何人になりますか。

式 15×9＝135

答え 135人

[4] １こ 48 円の消《け》しゴムを５こと，１本 75 円のえんぴつを８本買いました。代金は，全部でいくらでしょうか。

式 48×5＝240
75×8＝600
240＋600＝840

答え 840円

58

P.59

ふりかえりテスト かけ算の筆算[1]
名前

[1] 筆算《ひっさん》になおして計算しましょう。(4×15)

① 32×3	② 18×5	③ 56×9	④ 67×3	⑤ 47×2
96	90	504	201	94
⑥ 94×2	⑦ 50×9	⑧ 66×7	⑨ 86×2	⑩ 78×4
188	450	462	172	312
⑪ 348×6	⑫ 408×7	⑬ 587×7	⑭ 178×6	⑮ 261×9
2088	2856	4109	1068	2349

[2] 98 円のノートを，８さつ買いました。代金はいくらですか。(10)

式 98×8＝784

答え 784円

[3] ９人に，１人 58cm ずつ，リボンを配《くば》ります。全部《ぜんぶ》でリボンは何 cm いるでしょうか。(10)

式 58×9＝522

答え 522cm

[4] １つの辺《へん》が 17cm の正方形の，まわりの長さは何 cm ですか。(10)

式 17×4＝68

答え 68cm

[5] １箱《はこ》におり紙が 150 まい入った箱が５箱と，１箱におり紙が 75 まい入った箱が５箱あります。おり紙は全部で何まいありますか。(10)

式 150×5＝750
75×5＝375
750＋375＝1125

答え 1125まい

59

P.60

円と球（1）
名前

[1] 次《つぎ》の図をみて，（　）にあうことばを書きましょう。

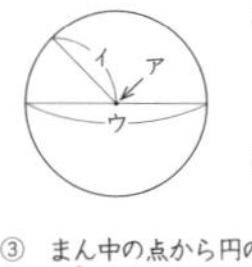

① 図のように，１つの点から同じ長さになるように書いたまるい形を（ 円 ）といいます。

② まん中の点アを（ 中心 ）といいます。

③ まん中の点から円のまわりまでひいた直線イを（ 半径 ）といいます。

④ まん中の点を通って，円のまわりからまわりまでひいた直線ウを（ 直径 ）といいます。

⑤（ 直径 ）は，半径の２倍の長さです。

[2] 下の円の，半径と直径の長さを調《しら》べましょう。

①

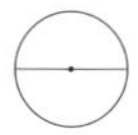

半径（ 1 ）cm
直径（ 2 ）cm

②

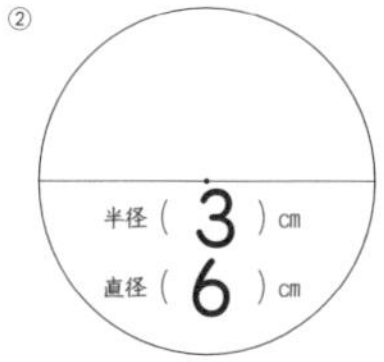

半径（ 3 ）cm
直径（ 6 ）cm

円と球（2）
名前

[1] 下の図で，直径はどれでしょうか。

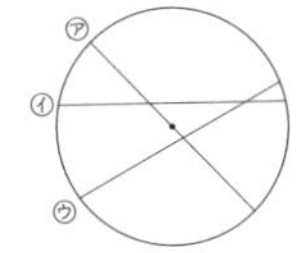

（ ア ）

[2] コンパスを使《つか》って，円をかきましょう。

① 半径 3cm の円　② 半径 4cm の円

略　略

60

P.61

円と球（3）
名前

● コンパスを使《つか》って，円をかきましょう。

① 直径 4cm の円　② 直径 6cm の円

略　略

③ 同じ点を中心にして，半径 3cm と半径 4cm の円をかきましょう。

略

円と球（4）
名前

[1] イ・ウ・エの点を中心にして，半径 2cm の円を３つかきましょう。

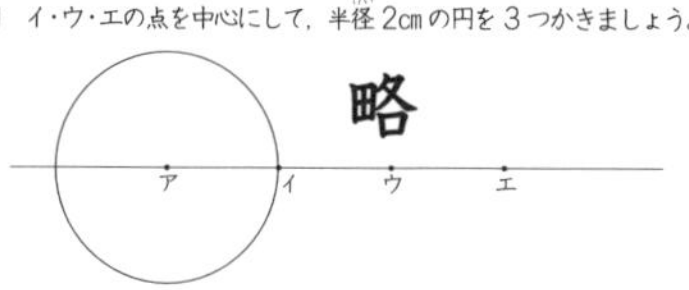

略

[2] コンパスを使って，次のようなもようをかきましょう。

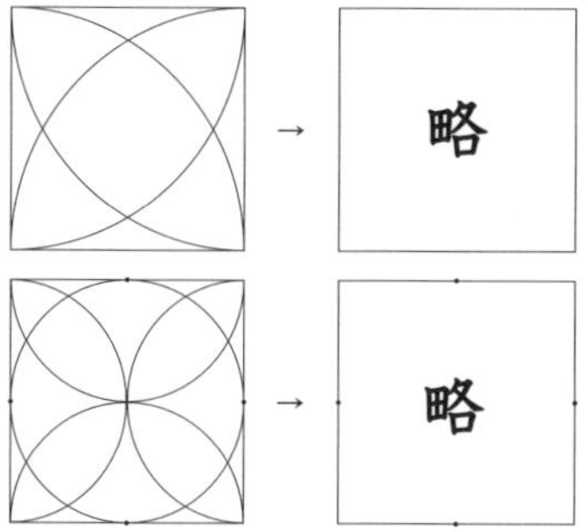

→ 略

→ 略

61

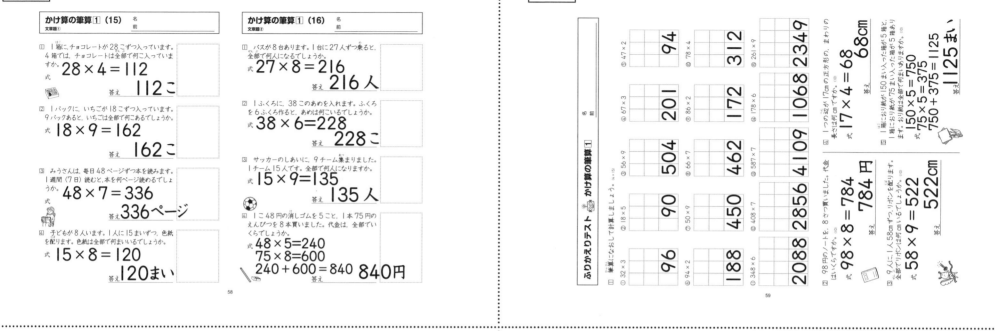

解答　児童に実施させる前に，必ず指導される方が問題を解いてください。本書の解答は，あくまでも１つの例です。指導される方の作られた解答をもとに，本書の解答例を参考に児童の多様な考えに寄り添って○つけをお願いします。

P.62

円と球 (5)

名前

① 下の４つの直線で，いちばん長いのはどれでしょうか。
コンパスを使《つか》って，調《しら》べましょう。

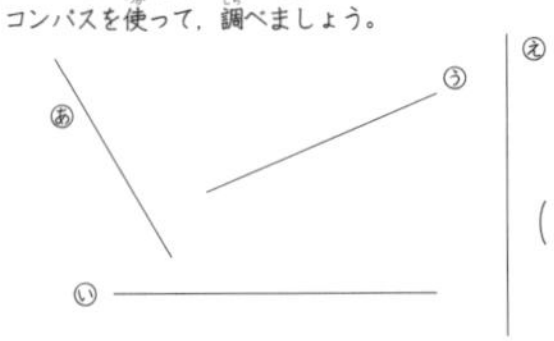

（ い ）

② 下の線を，3cm と 4cm に区切りましょう。

3cm　3cm
4cm　4cm
略

③ ㋐と㋑の図形のまわりの長さは，どちらが長いでしょう。
コンパスを使って，うつしとって調べましょう。

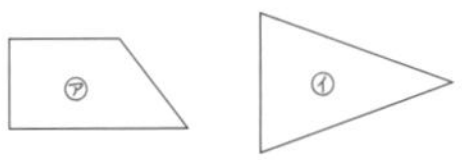

㋐
㋑
略

（ ㋑ ）のほうが長い

62

円と球 (6)

名前

① 下の図は球《きゅう》をまん中で半分に切ったところです。
（　）に名前を書きましょう。

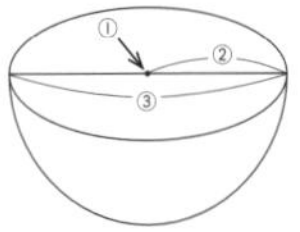

①（ 中心 ）
②（ 半径 ）
③（ 直径 ）

② 下の図のように球を切ると，切り口はどんな形をしていますか。

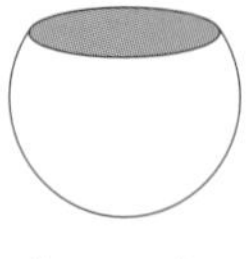

①（ 円 ）
② 切り口がいちばん大きいのは，どのように切ったときでしょうか。
（ 中心 ）を通って切ったとき。

③ 箱《はこ》の中に，直径《けい》 6cm の球がぴったりと入っています。
箱の内がわの，たてと横《よこ》の長さをもとめましょう。

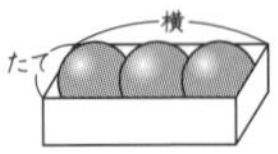

たて（ 6 ）cm
横（ 18 ）cm

P.63

ふりかえりテスト 円と球

名前

① 下の図をみて，答えましょう。(4×5)
① ア，イ，ウの名前を書きましょう。

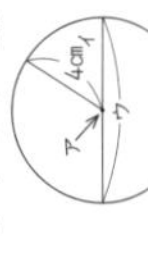

ア（ 中心 ）
イ（ 半径 ）
ウ（ 直径 ）

② （　）の中にあうことばを入れましょう。
直径《けい》は（ 半径 ）の２倍《ばい》です。
上の円の直径は（ 8 ）cm です。

② コンパスを使《つか》って，円をかきましょう。(10×3)
① 半径 2cm の円
略
② 直径 4cm の円
略
③ 直径 5cm の円
略

③ どちらの線が長いでしょうか。コンパスで下の直線にうつして，調べましょう。(10)

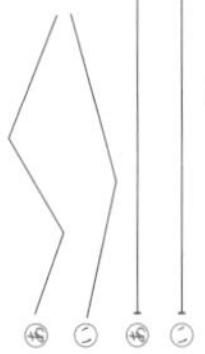

（ あ ）のほうが長い

④ 下の図は，球《きゅう》をまん中で半分に切ったところです。（　）に名前を書きましょう。(4×5)

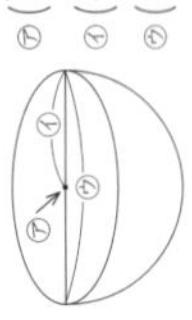

㋐（ 中心 ）
㋑（ 半径 ）
㋒（ 直径 ）

上の球の切り口の形は（ 円 ）です。
切り口がいちばん大きいのは
（ 中心 ）を通って切ったときです。

⑤ 箱《はこ》の中に，直径 3cm の球がぴったりと入っています。箱の中の内がわの，たてと横《よこ》は何 cm でしょうか。(2×5)

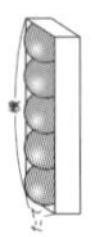

たて（ 3 ）cm
横（ 15 ）cm

⑥ コンパスを使って，次《つぎ》のようなもようをかきましょう。(10)

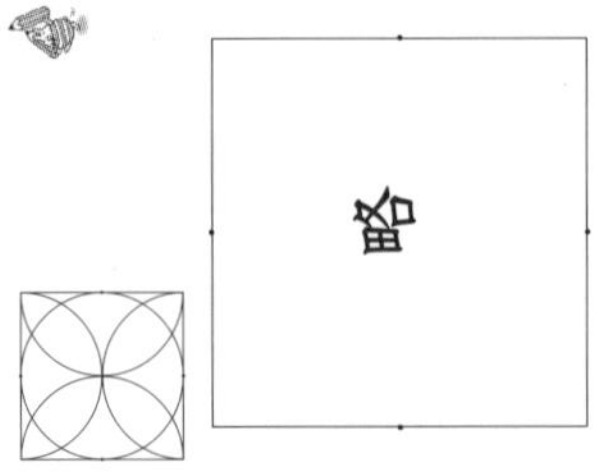

略

63

P.64

小数 (1)

名前

① 次《つぎ》の入れものに入っている水のかさは，何 dL でしょうか。

（ 1.8 ）dL

1dL を10等分した１つ分は0.1dL です。

② 次のかさは何 dL でしょうか。

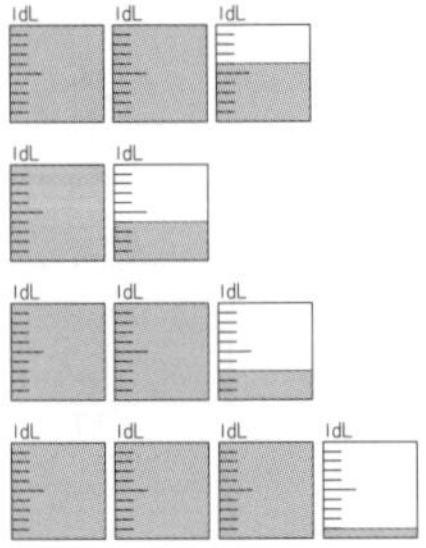

①（2.6）dL
②（1.4）dL
③（2.3）dL
④（3.1）dL

64

小数 (2)

名前

① 下のますに，小数で表《あらわ》されたかさの分だけ，色をぬりましょう。

① 2.5L
② 0.7L
③ 1.6L
④ 0.6L

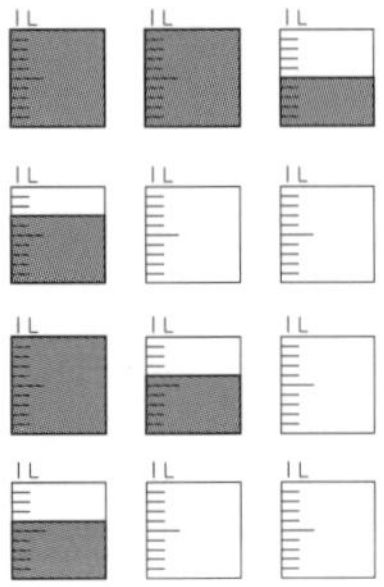

② 下の数直線で，①～④は何 dL を表しているでしょうか。

0　1　2　3(dL)

① 0.4dL　② 1.2dL　③ 1.9dL　④ 2.7dL

P.65

小数 (3)

名前

① 次《つぎ》の長さを，小数で表《あらわ》しましょう。

① 0　1　2　3 (m)
㋐ 0.4 m　㋑ 1.2 m　㋒ 1.9 m

② 5　6　7　8 (cm)
㋐ 5.5 cm　㋑ 6.6 cm　㋒ 8.1 cm

② 下の数直線で調《しら》べましょう。

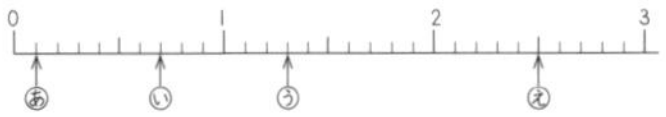

① あ～えの↑が表している小数を，下の表に書きましょう。
② あ～えの小数は，それぞれ 0.1 の何こ分でしょうか。

	あ	い	う	え
小数	0.1	0.7	1.3	2.5
0.1の何こ分	(1)こ分	(7)こ分	(13)こ分	(25)こ分

65

小数 (4)

名前

① ↑の表《あらわ》している数を書きましょう。

① 0　1　2　3
0.5　1.1　1.8　2.6

② 0　1　2　3
0.3　1.4　2.1　3.2

② 次《つぎ》の□にあてはまる数を書きましょう。

① 0.7 は 0.1 を 7 こ集《あつ》めた数です。
② 3.4 は 0.1 を 34 こ集めた数です。
③ 4.8 は 1 を 4 こと，0.1 を 8 こあわせた数です。
④ 0.1 を 26 こ集めた数は 2.6 です。

③ □に不等号《ふとうごう》(＞，＜) を書きましょう。

① 1.3 ＜ 1.5　② 4 ＜ 4.1
③ 0 ＜ 0.1　④ 9 ＞ 0.9

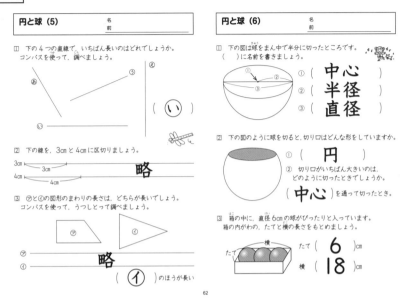

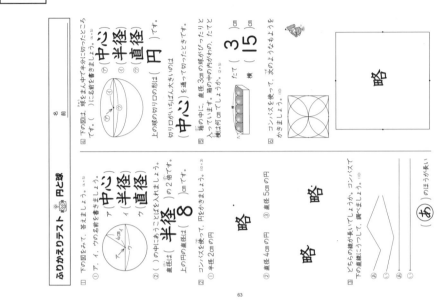

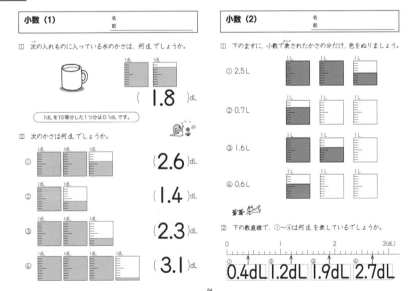

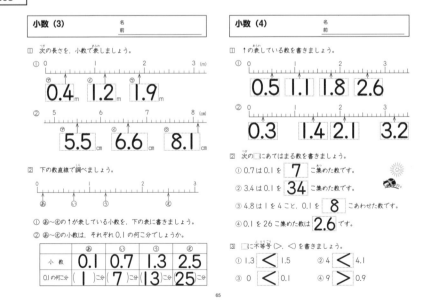

P.66

小数（5）
小数のたし算

名前

① 5.3+4.4　9.7	② 5.2+3　8.2	③ 3.5+0.5　4~~.0~~	④ 1.4+2.8　4.2
⑤ 1.5+4.4　5.9	⑥ 3.2+0.6　3.8	⑦ 1.3+2.6　3.9	⑧ 1.5+3.2　4.7
⑨ 8.5+0.2　8.7	⑩ 2.4+3.3　5.7	⑪ 2+1.4　3.4	⑫ 2.5+7.2　9.7
⑬ 6.6+2.4　9~~.0~~	⑭ 4.3+3.5　7.8	⑮ 4.2+2.5　6.7	⑯ 5.4+3.6　9~~.0~~

小数（6）
小数のたし算

名前

① 2.4+4.6　7~~.0~~	② 7.5+1.8　9.3	③ 0.6+2.7　3.3	④ 1.9+3.5　5.4
⑤ 5.5+3　8.5	⑥ 1.9+7.3　9.2	⑦ 3.5+5.8　9.3	⑧ 4.7+0.6　5.3
⑨ 3.6+5.7　9.3	⑩ 1.6+8.4　10~~.0~~	⑪ 7+1.7　8.7	⑫ 3.9+4.6　8.5

めいろは，答えの大きい方をとおりましょう。とおった方の答えを下の□に書きましょう。

① 6.6　② 8.2　③ 9.3

P.67

小数（7）
小数のひき算

名前

① 3.9−2.7　1.2	② 7.6−3.4　4.2	③ 5.6−0.2　5.4	④ 0.8−0.3　0.5
⑤ 8.2−7.1　1.1	⑥ 2−1.5　0.5	⑦ 1.2−0.2　1~~.0~~	⑧ 6.6−2.8　3.8
⑨ 3.5−1.6　1.9	⑩ 4.2−3.7　0.5	⑪ 9.9−1　8.9	⑫ 5−2.3　2.7
⑬ 9.6−6.6　3~~.0~~	⑭ 1.5−0.9　0.6	⑮ 8.5−7.7　0.8	⑯ 3.2−2.3　0.9

小数（8）
小数のひき算

名前

① 2.7−1.4　1.3	② 0.6−0.4　0.2	③ 3.4−1.2　2.2	④ 1−0.3　0.7
⑤ 4.3−2.9　1.4	⑥ 7.3−4.5　2.8	⑦ 3.2−1.8　1.4	⑧ 2.5−2　0.5
⑨ 1.5−0.7　0.8	⑩ 6−0.6　5.4	⑪ 5.5−1.8　3.7	⑫ 3−1.2　1.8

めいろは，答えの大きい方をとおりましょう。とおった方の答えを下の□に書きましょう。

① 5.2　② 0.9　③ 2.5

P.68

小数（9）
小数のたし算・ひき算

名前

① 2.5+0.4　2.9	② 3.9+1.7　5.6	③ 4.3+2　6.3	④ 5.6+0.4　6~~.0~~
⑤ 4.2+1.8　6~~.0~~	⑥ 2.6+0.8　3.4	⑦ 3.9+2.9　6.8	⑧ 6+0.8　6.8
⑨ 4.2−1.5　2.7	⑩ 3.3−0.8　2.5	⑪ 1.5−0.6　0.9	⑫ 8.2−6.2　2~~.0~~
⑬ 5−0.6　4.4	⑭ 7.3−2.5　4.8	⑮ 0.4−0.2　0.2	⑯ 4.6−4　0.6

小数（10）
文章題

名前

1 赤いひもは，2.8mあります。青いひもは，3.2mあります。どちらのひもが，何m長いでしょうか。

式 3.2−2.8=0.4

答え 青いひもが0.4m長い

2 4.5mのテープを，1.6m切って使《つか》いました。のこりのテープは，何mでしょうか。

式 4.5−1.6=2.9

答え 2.9m

3 なおとさんは，走りはばとびで2.7mとびました。りょうさんは，なおとさんより0.4m多くとびました。りょうさんは，何mとんだのでしょうか。

式 2.7+0.4=3.1

答え 3.1m

4 まきさんが麦茶を0.5L飲《の》んだところ，のこりは0.9Lになりました。麦茶は，はじめに何Lあったのでしょうか。

式 0.5+0.9=1.4

答え 1.4L

P.69

ふりかえりテスト 小数

名前

1 次《つぎ》のかさの分だけ色をぬりましょう。(3×2)

① 1.3L　② 0.7L

2 □に不等号《ふとうごう》（>，<）を書きましょう。(3×4)

① 2.9 < 3.2　② 8.9 < 9.8

③ 4.9 < 5.1　④ 0.1 > 0

3 次の□にあてはまる数を書きましょう。(2×4)

① 1.8は0.1を 18 こ集《あつ》めた数です。

② 0.1を35こ集めた数は 3.5 です。

③ 6.2は1を 6 こと，0.1を 2 こあわせた数です。

4 ↑の表《あらわ》している数を書きましょう。(2×3)

① 0.6　② 1.8　③ 3.4

5 下の数直線に，①〜⑤の数を↑で書き入れましょう。(2×5)

① 0.3　② 1.2　③ 2.1　④ 2.9　⑤ 3.5

6 次の□にあてはまる数を書きましょう。(3×4)

① 5dLと 0.8 dLで，5.8dL。

② 2.6dLは，0.1dLが 26 こ分。

③ 2mと0.7mで，2.7 m。

④ 3.4 mは，0.1mが34こ分。

7 次の計算を筆算《ひっさん》でしましょう。(5×6)

① 1.2+3.3　4.5	② 3.6+2.7　6.3	③ 0.4+8　8.4
① 4.8−3.8　1~~.0~~	② 9.2−5.6　3.6	③ 6−0.1　5.9

8 ひかるさんは，リボンを5.4mもっています。まいさんは，3.8mもっています。

① 2人のリボンをあわせると，何mになるでしょうか。(8)

式 5.4+3.8=9.2

答え 9.2m

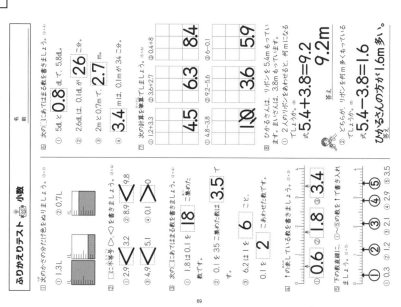

② どちらが，リボンを何m多くもっているでしょうか。(8)

式 5.4−3.8=1.6

答え ひかるさんの方が1.6m多い。

解答

児童に実施させる前に，必ず指導される方が問題を解いてください。本書の解答は，あくまでも１つの例です。指導される方の作られた解答をもとに，本書の解答例を参考に児童の多様な考えに寄り添って○つけをお願いします。

P.70

重さ (1)

名前

重《おも》さのたんいには，グラムがあります。１グラムを1gと書きます。
１円玉１この重さは1gです。

1g g g g g g g

□1 1円玉ではかりました。何gでしょうか。

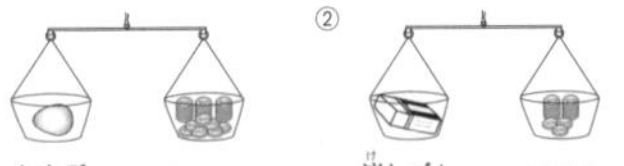

① たまご (37)g　1円玉 37まい

② 消《け》しゴム (23)g　1円玉 23まい

□2 何gでしょうか。

① (350)g　② (940)g

③ (720)g　④ (625)g

70

重さ (2)

名前

1000gを1キログラムといい，1kgと書きます。
1kg = 1000g
水 1L の重《おも》さは，1kgです。

1kg kg kg kg

● 次《つぎ》のはかりをみて，答えましょう。

① あ，いは何kg何gでしょうか。また，何gでしょうか。

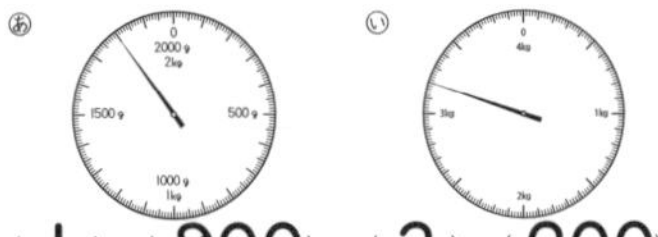

あ (1)kg (800)g (1800)g

い (3)kg (200)g (3200)g

② う，えのはかりに，はりをかき入れましょう。

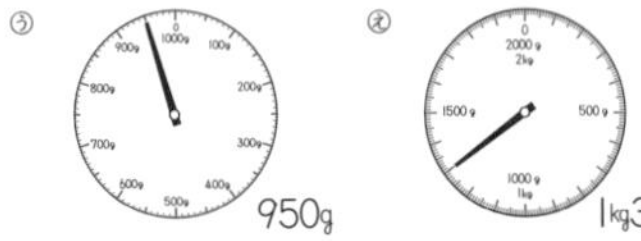

う 950g　え 1kg300g

P.71

重さ (3)

名前

とても重《おも》いものの重さを表《あらわ》すたんいに，t（トン）があります。
1t = 1000kg です。

1t t t t

□1 次《つぎ》の□にあてはまる数を書きましょう。

① 2kg = [2000] g　② 5000kg = [5] t

□2 （　）にあてはまる重さのたんいを書きましょう。

① カバの体重《たいじゅう》　3(t)

② ふでばこ１この重さ　250(g)

③ すいか１玉の重さ　4 (kg)

□3 （　）にあてはまる数字を書きましょう。

① 3650g = (3)kg (650)g

② 7065g = (7)kg (65)g

③ 5kg600g = (5600)g

④ 2kg40g = (2040)g

⑤ 7000kg = (7)t　⑥ 6t = (6000)kg

71

重さ (4)

名前

□1 次《つぎ》の（　）にあてはまる数を書きましょう。

① 700g + 800g = (1500)g，(1)kg (500)g

② 1kg200g + 800g = (2)kg

③ 1kg600g − 300g = (1)kg (300)g

④ 1kg − 400g = (600)g

⑤ 1kg200g − 500g = (700)g

□2 次の□にあう数やことばを書きましょう。

① 1円玉１この重《おも》さは [1] gです。

② 水 1L の重さは [1] kgです。

③ 重さを表《あらわ》すたんいには，mg，[g]，[kg]，tがあります。

④ かさが同じでも，そのざいりょうによって重さが [ちがい] ます。

⑤ 5L = [5000] gです。

P.72

重さ (5)

文章題①

名前

□1 重《おも》さ400gの箱《はこ》に，かきを1kg600g入れました。重さはあわせて何kgでしょうか。

式 400g + 1kg600g = 2kg

答え 2kg

□2 小麦こが，１ふくろに1kg900g入っています。ケーキをやくのに，500g使《つか》いました。のこっている小麦こは何kg何gでしょうか。

式 1kg900g − 500g
= 1kg400g

答え 1kg400g

□3 めいさんは，さつまいもを2kg600gほりました。たいきさんは，めいさんより700g多くほりました。たいきさんは，何kg何gほったでしょうか。

式 2kg600g + 700g
= 3kg300g

答え 3kg300g

72

重さ (6)

文章題②

名前

□1 重《おも》さ600gの箱《はこ》に，みかんを入れると3kgになりました。みかんは，何kg何gでしょうか。

式 3kg − 600g = 2kg400g

答え 2kg400g

□2 水そうに水を3L(3kg)入れると，全部《ぜんぶ》の重さが8kg700gになりました。水そうの重さは，何kg何gでしょうか。

式 8kg700g − 3kg
= 5kg700g

答え 5kg700g

□3 ランドセルに2kg100gの教科書やノートを入れて重さをはかると，3kg300gありました。ランドセルの重さは，何kg何gでしょうか。

式 3kg300g − 2kg100g
= 1kg200g

答え 1kg200g

P.73

ふりかえりテスト 重さ

名前

□1 1円玉ではかりました。何gでしょうか。(2×2)

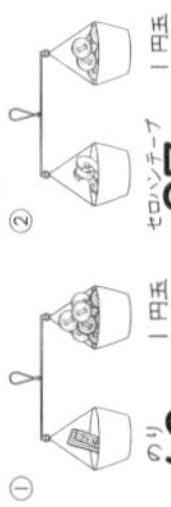

① のり (43)g　1円玉 43まい

② セロハンテープ (27)g　1円玉 27まい

□2 次《つぎ》のはかりのさしている重《おも》さを（　）に書き入れましょう。(4×4)

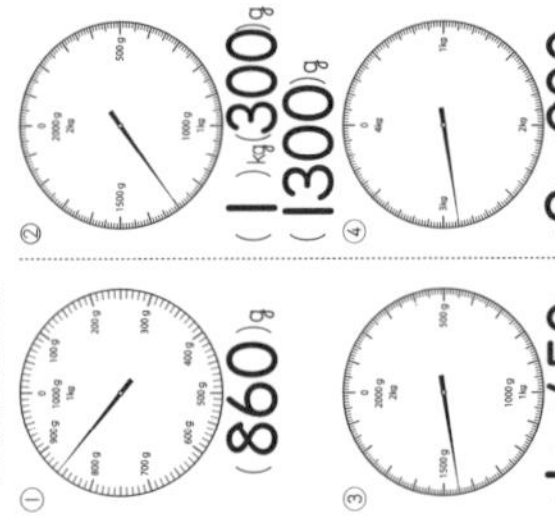

① (860)g

② (1)kg (300)g　(1300)g

③ (1)kg (450)g　(1450)g

④ (2)kg (900)g　(2900)g

□3 （　）にあてはまる重さのたんい（g，kg，t）を書きましょう。(4×5)

① みかん１この重さ　150(g)

② 子ども１人の体重《たいじゅう》　35(kg)

③ 教科書の重さ　250(g)

④ ぞう１頭の重さ　4(t)

⑤ 自転《てん》車１台の重さ　12(kg)

□4 （　）に数を書きましょう。(4×6)

① 2kg = (2000)g

② 9000kg = (9)t

③ 4kg600g = (4600)g

④ 2kg30g = (2030)g

⑤ 3800g = (3)kg (800)g

⑥ 6050g = (6)kg (50)g

□5 計算をしましょう。(5×4)

① 700g + 400g = (1)kg (100)g

② 3kg100g + 900g = (4)kg

③ 1kg800g − 200g = (1)kg (600)g

④ 1kg300g − 900g = (400)g

□6 重さ400gの箱《はこ》に，りんごを1kg800g入れました。重さは，何kg何gですか。また，それは何gですか。(8)

式 400g + 1kg800g
= 2kg200g

答え 2kg200g，2200g

□7 お米が，ふくろに3kg入っていました。ごはんをたいたら，のこりは2kg600gになりました。お米をどれだけたいたのでしょうか。(8)

式 3kg − 2kg600g
= 400g

答え 400g

73

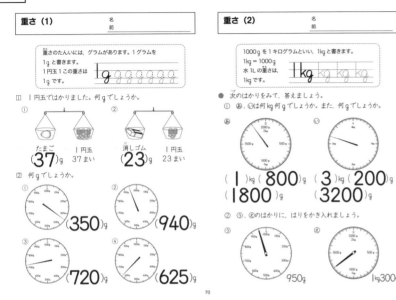

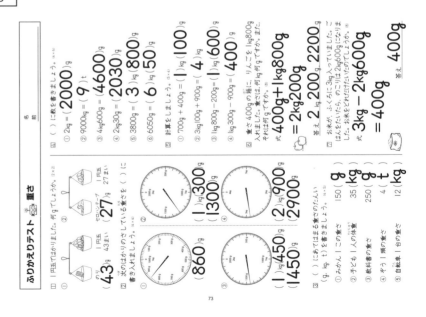

P.74

分数 (1)

名前

□1 下の ▒▒ の長さを分数で表《あらわ》しましょう。

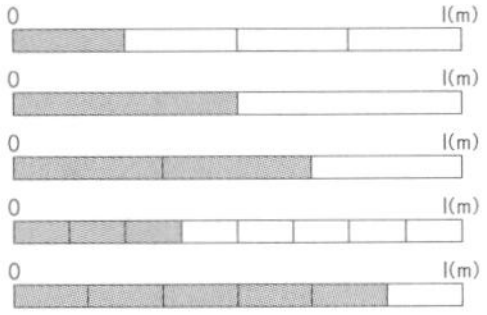

① ($\frac{1}{4}$)m
② ($\frac{1}{2}$)m
③ ($\frac{2}{3}$)m
④ ($\frac{3}{8}$)m
⑤ ($\frac{5}{6}$)m

□2 次《つぎ》の長さだけ色をぬりましょう。

① $\frac{1}{3}$m
② $\frac{2}{5}$m
③ $\frac{7}{8}$m

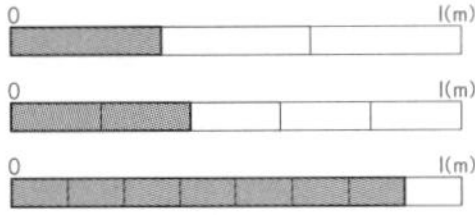

□3 下の問《と》いに答えましょう。

① 1mを３等分《とうぶん》した１こ分の長さ ($\frac{1}{3}$)m
② ６こ分で1mになる，はした５こ分の長さ ($\frac{5}{6}$)m
③ ４こ分で1mになる，はした３こ分の長さ ($\frac{3}{4}$)m
④ 1Lの水を６等分した３こ分のかさ ($\frac{3}{6}$)L

74

分数 (2)

名前

□1 (　　)にあうことばを，下の□からえらんで書きましょう。

$\frac{1}{4}$や$\frac{2}{5}$のような数を(分数)といいます。
線の下の数を(分母)といい，
線の上の数を(分子)といいます。

$\frac{1}{4}$ …分けたものを何こ(集めた)かを表《あらわ》す。
…もとになる大きさを何こに(分けた)かを表す。

分けた・分数・分子・集《あつ》めた・分母・はしたの数

□2 1Lますの中に入っている水のかさは何Lでしょうか。

① ($\frac{2}{3}$)L　② ($\frac{3}{5}$)L　③ ($\frac{1}{2}$)L

□3 次《つぎ》の1Lますに，かさの分だけ色をぬりましょう。

① $\frac{3}{4}$L　② $\frac{1}{6}$L　③ $\frac{6}{7}$L

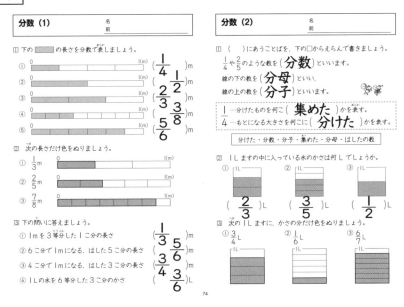

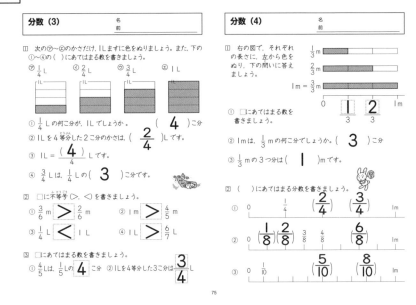

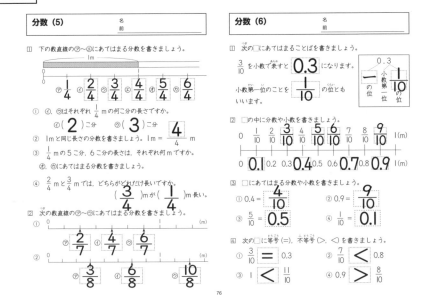

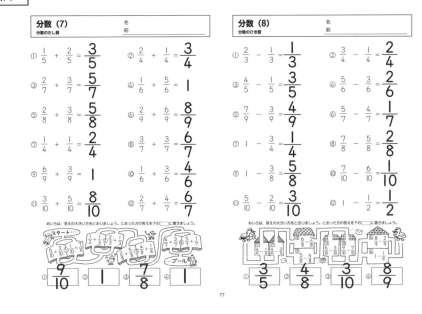

74

P.75

分数 (3)

名前

□1 次の㋐〜㋓のかさだけ，1Lますに色をぬりましょう。また，下の①〜④の(　)にあてはまる数を書きましょう。

㋐ $\frac{1}{4}$L　㋑ $\frac{2}{4}$L　㋒ $\frac{3}{4}$L　㋓ 1L

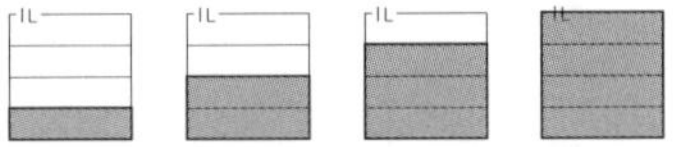

① $\frac{1}{4}$Lの何こ分が，1Lでしょうか。 (4)こ分
② 1Lを４等分《とうぶん》した２こ分のかさは，($\frac{2}{4}$)Lです。
③ 1L＝$\frac{(\ 4\ )}{4}$Lです。
④ $\frac{3}{4}$Lは，$\frac{1}{4}$Lの(3)こ分です。

□2 □に不等号《ふとうごう》(＞，＜)を書きましょう。

① $\frac{3}{6}$m ＞ $\frac{2}{6}$m　② 1m ＞ $\frac{4}{5}$m
③ $\frac{1}{4}$L ＜ 1L　④ 1L ＞ $\frac{6}{7}$L

□3 □にあてはまる数を書きましょう。

① $\frac{4}{5}$Lは，$\frac{1}{5}$Lの 4 こ分　② 1Lを4等分した3こ分は $\frac{3}{4}$L

75

分数 (4)

名前

□1 右の図で，それぞれの長さに，左から色をぬり，下の問《と》いに答えましょう。

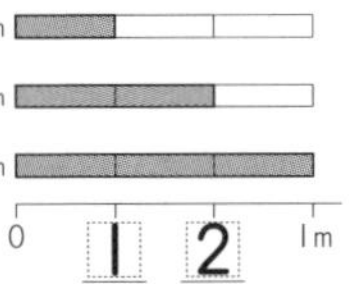

$\frac{1}{3}$m
$\frac{2}{3}$m
1m＝$\frac{3}{3}$m

0　$\frac{1}{3}$　$\frac{2}{3}$　1m

① □にあてはまる数を書きましょう。
② 1mは，$\frac{1}{3}$mの何こ分でしょうか。(3)こ分
③ $\frac{1}{3}$mの３つ分は(1)mです。

□2 (　　)にあてはまる分数を書きましょう。

① 0　$\frac{1}{4}$　($\frac{2}{4}$)　($\frac{3}{4}$)　1m
② 0　($\frac{1}{8}$)($\frac{2}{8}$)　$\frac{3}{8}$　$\frac{4}{8}$　($\frac{6}{8}$)　1m
③ 0　$\frac{1}{10}$　($\frac{5}{10}$)　($\frac{8}{10}$)　1m

75

P.76

分数 (5)

名前

□1 下の数直線の㋐〜㋓にあてはまる分数を書きましょう。

1m

㋐ $\frac{1}{4}$　㋑ $\frac{2}{4}$　㋒ $\frac{3}{4}$　㋓ $\frac{4}{4}$　㋔ $\frac{5}{4}$　㋕ $\frac{6}{4}$

① ㋑，㋒はそれぞれ $\frac{1}{4}$mの何こ分の長さですか。
㋑(2)こ分　㋒(3)こ分
② 1mと同じ長さの分数を書きましょう。1m＝$\frac{4}{4}$m
③ $\frac{1}{4}$mの５こ分，６こ分の長さは，それぞれ何mですか。
㋔，㋕にあてはまる分数を書きましょう。
④ $\frac{2}{4}$mと$\frac{3}{4}$mでは，どちらがどれだけ長いですか。
($\frac{3}{4}$)mが($\frac{1}{4}$)m長い。

□2 次《つぎ》の数直線の㋐〜㋒にあてはまる分数を書きましょう。

① 0　1　(m)
㋐ $\frac{2}{7}$　㋑ $\frac{4}{7}$　㋒ $\frac{6}{7}$
② 0　1　(m)
㋐ $\frac{3}{8}$　㋑ $\frac{6}{8}$　㋒ $\frac{10}{8}$

76

分数 (6)

名前

□1 次《つぎ》の□にあてはまることばを書きましょう。

$\frac{3}{10}$を小数で表《あらわ》すと 0.3 になります。
小数第《だい》一位《い》のことを $\frac{1}{10}$ の位《くらい》ともいいます。

0.3
一 の位　小数第一位　$\frac{1}{10}$ の位

□2 □の中に分数や小数を書きましょう。

0　$\frac{1}{10}$　$\frac{2}{10}$　$\frac{3}{10}$　$\frac{4}{10}$　$\frac{5}{10}$　$\frac{6}{10}$　$\frac{7}{10}$　$\frac{8}{10}$　$\frac{9}{10}$　1(m)
0　0.1　0.2　0.3　0.4　0.5　0.6　0.7　0.8　0.9　1(m)

□3 □にあてはまる分数や小数を書きましょう。

① 0.4＝$\frac{4}{10}$　② 0.9＝$\frac{9}{10}$
③ $\frac{5}{10}$＝0.5　④ $\frac{1}{10}$＝0.1

□4 次の□に等号《とうごう》(＝)，不等号《ふとうごう》(＞，＜)を書きましょう。

① $\frac{3}{10}$ ＝ 0.3　② $\frac{7}{10}$ ＜ 0.8
③ 1 ＜ $\frac{11}{10}$　④ 0.9 ＞ $\frac{8}{10}$

76

P.77

分数 (7)

分数のたし算

名前

① $\frac{1}{5}+\frac{2}{5}=\frac{3}{5}$　② $\frac{2}{4}+\frac{1}{4}=\frac{3}{4}$
③ $\frac{2}{7}+\frac{3}{7}=\frac{5}{7}$　④ $\frac{1}{6}+\frac{5}{6}=1$
⑤ $\frac{2}{8}+\frac{3}{8}=\frac{5}{8}$　⑥ $\frac{2}{9}+\frac{6}{9}=\frac{8}{9}$
⑦ $\frac{1}{4}+\frac{1}{4}=\frac{2}{4}$　⑧ $\frac{3}{7}+\frac{3}{7}=\frac{6}{7}$
⑨ $\frac{6}{9}+\frac{3}{9}=1$　⑩ $\frac{1}{6}+\frac{3}{6}=\frac{4}{6}$
⑪ $\frac{3}{10}+\frac{5}{10}=\frac{8}{10}$　⑫ $\frac{2}{7}+\frac{4}{7}=\frac{6}{7}$

めいろは，答えの大きい方をとおりましょう。とおった方の答えを下の□に書きましょう。

① $\frac{9}{10}$　② 1　③ $\frac{7}{8}$　④ 1

分数 (8)

分数のひき算

名前

① $\frac{2}{3}-\frac{1}{3}=\frac{1}{3}$　② $\frac{3}{4}-\frac{1}{4}=\frac{2}{4}$
③ $\frac{4}{5}-\frac{1}{5}=\frac{3}{5}$　④ $\frac{5}{6}-\frac{3}{6}=\frac{2}{6}$
⑤ $\frac{7}{9}-\frac{3}{9}=\frac{4}{9}$　⑥ $\frac{5}{7}-\frac{4}{7}=\frac{1}{7}$
⑦ $1-\frac{3}{4}=\frac{1}{4}$　⑧ $\frac{7}{8}-\frac{5}{8}=\frac{2}{8}$
⑨ $1-\frac{3}{8}=\frac{5}{8}$　⑩ $\frac{7}{10}-\frac{6}{10}=\frac{1}{10}$
⑪ $\frac{5}{10}-\frac{2}{10}=\frac{3}{10}$　⑫ $1-\frac{1}{2}=\frac{1}{2}$

めいろは，答えの大きい方をとおりましょう。とおった方の答えを下の□に書きましょう。

① $\frac{3}{5}$　② $\frac{4}{8}$　③ $\frac{3}{10}$　④ $\frac{8}{9}$

77

解答

児童に実施させる前に，必ず指導される方が問題を解いてください。本書の解答は，あくまでも１つの例です。指導される方の作られた解答をもとに，本書の解答例を参考に児童の多様な考えに寄り添って○つけをお願いします。

P.78

分数 (9)
分数のたし算・ひき算

名前

1 計算をしましょう。

① $\frac{1}{3}+\frac{1}{3}=\frac{2}{3}$ ② $\frac{1}{7}+\frac{4}{7}=\frac{5}{7}$ ③ $\frac{2}{6}+\frac{3}{6}=\frac{5}{6}$

④ $\frac{1}{4}+\frac{3}{4}=1$ ⑤ $\frac{2}{5}+\frac{1}{5}=\frac{3}{5}$ ⑥ $\frac{2}{9}+\frac{6}{9}=\frac{8}{9}$

⑦ $\frac{4}{10}+\frac{5}{10}=\frac{9}{10}$ ⑧ $\frac{5}{8}+\frac{2}{8}=\frac{7}{8}$ ⑨ $\frac{1}{5}+\frac{4}{5}=1$

2 計算をしましょう。

① $\frac{2}{3}-\frac{1}{3}=\frac{1}{3}$ ② $\frac{5}{6}-\frac{3}{6}=\frac{2}{6}$ ③ $\frac{3}{5}-\frac{1}{5}=\frac{2}{5}$

④ $1-\frac{1}{6}=\frac{5}{6}$ ⑤ $\frac{6}{7}-\frac{4}{7}=\frac{2}{7}$ ⑥ $\frac{6}{9}-\frac{4}{9}=\frac{2}{9}$

⑦ $\frac{3}{4}-\frac{1}{4}=\frac{2}{4}$ ⑧ $1-\frac{2}{5}=\frac{3}{5}$ ⑨ $\frac{7}{8}-\frac{5}{8}=\frac{2}{8}$

めいろは、答えの大きい方をとおりましょう。とおった方の答えを下の□に書きましょう。

① 1 ② 1 ③ $\frac{3}{9}$ ④ $\frac{8}{10}$

分数 (10)
文章題

名前

1 あみさんが $\frac{3}{6}$ L，こうたさんが $\frac{2}{6}$ L のお茶を飲《の》みました。2人あわせて何 L 飲んだでしょうか。

式 $\frac{3}{6}+\frac{2}{6}=\frac{5}{6}$ 答え $\frac{5}{6}$ L

2 1L の牛にゅうを，プリンを作るのに $\frac{4}{5}$ L 使《つか》いました。のこりの牛にゅうは何Lでしょうか。

式 $1-\frac{4}{5}=\frac{1}{5}$ 答え $\frac{1}{5}$ L

3 1mのリボンを，あんなさんに $\frac{7}{10}$ m 切ってあげました。のこりのリボンは何 m でしょうか。

式 $1-\frac{7}{10}=\frac{3}{10}$ 答え $\frac{3}{10}$ m

4 はるなさんは，はり金を $\frac{4}{8}$ m 使いました。けんとさんも $\frac{4}{8}$ m 使いました。2人あわせて何 m 使ったでしょうか。

式 $\frac{4}{8}+\frac{4}{8}=1$ 答え 1m

P.79

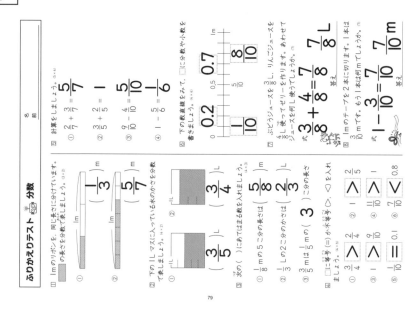

ふりかえりテスト 分数

名前

1 1mのリボンを，同じ長さに分けています。▭の長さを分数で表《あらわ》しましょう。(3×2)

① ($\frac{1}{3}$) m

② ($\frac{5}{7}$) m

2 下の 1L マスに入っている水のかさを分数で表しましょう。(4×2)

① ($\frac{3}{5}$) L ② ($\frac{3}{4}$) L

3 次《つぎ》の（　）にあてはまる数を入れましょう。(4×3)

① $\frac{1}{8}$ m の5こ分の長さは ($\frac{5}{8}$) m

② $\frac{1}{3}$ L の2こ分のかさは ($\frac{2}{3}$) L

③ $\frac{3}{5}$ m は $\frac{1}{5}$ m の (3) こ分の長さ

4 □に等号《とうごう》(=) か不等号《ふとうごう》(>，<) を入れましょう。(4×6)

① $\frac{3}{4}$ > $\frac{2}{4}$ ② 1 > $\frac{2}{5}$

③ 1 > $\frac{9}{10}$ ④ $\frac{11}{10}$ > 1

⑤ $\frac{1}{10}$ = 0.1 ⑥ $\frac{7}{10}$ < 0.8

5 計算をしましょう。(5×4)

① $\frac{2}{7}+\frac{3}{7}=\frac{5}{7}$

② $\frac{3}{5}+\frac{2}{5}=1$

③ $\frac{9}{10}-\frac{4}{10}=\frac{5}{10}$

④ $1-\frac{5}{6}=\frac{1}{6}$

6 下の数直線をみて，□に分数や小数を書きましょう。(4×4)

0　0.2　0.5　0.7　1m

$\frac{1}{10}$　$\frac{5}{10}$　$\frac{8}{10}$

7 ぶどうジュースを $\frac{3}{8}$ L，りんごジュースを $\frac{4}{8}$ L 使《つか》ってゼリーを作ります。あわせてジュースを何 L 使うでしょうか。(7)

式 $\frac{3}{8}+\frac{4}{8}=\frac{7}{8}$ 答え $\frac{7}{8}$ L

8 1mのテープを2本に切ります。1本は $\frac{3}{10}$ m です。もう1本は何 m でしょうか。(7)

式 $1-\frac{3}{10}=\frac{7}{10}$ 答え $\frac{7}{10}$ m

P.80

□を使った式 (1)
たし算の式に表す

名前

わからない数を□として，たし算の式に表《あらわ》してから，答えをもとめましょう。

1 バナナ250gを，入れものに入れて重《おも》さをはかったら，550g ありました。入れものの重さは何 g でしょうか。

式 250＋□＝550
550−250＝300 答え 300g

2 校庭《こうてい》で子どもが何人か遊《あそ》んでいます。そこへ 14 人来たので，子どもはみんなで 32 人になりました。はじめに遊んでいた子どもは何人でしょうか。

式 □＋14＝32
32−14＝18 答え 18人

3 □にあてはまる数をもとめましょう。

① 17＋□＝63　□＝46 ② □＋34＝80　□＝46

③ □＋35＝71　□＝36 ④ 50＋□＝98　□＝48

⑤ 46＋□＝72　□＝26 ⑥ □＋22＝100　□＝78

□を使った式 (2)
ひき算の式に表す

名前

わからない数を□として，ひき算の式に表《あらわ》してから，答えをもとめましょう。

1 ゼリーが 25 こありました。何こか食べたので，のこりが 18 こになりました。何こ食べたのでしょうか。

式 25 −□＝18
25 −18＝7 答え 7こ

2 おり紙が何まいかありました。みんなで 33 まい使《つか》うと，のこりが 48 まいになりました。はじめに，おり紙は何まいあったのでしょうか。

式 □ −33＝48
33＋48＝81 答え 81まい

3 □にあてはまる数をもとめましょう。

① 82 −□＝23　□＝59 ② □ −29＝42　□＝71

③ □ −55＝35　□＝90 ④ 100−□＝57　□＝43

⑤ 93 −□＝39　□＝54 ⑥ □ −11＝89　□＝100

P.81

□を使った式 (3)
かけ算・わり算の式に表す

名前

1 1箱《はこ》にトマトが5こずつ入っています。トマトの箱が何箱かあったので，トマトは全部《ぜんぶ》で 35 こになりました。トマトの箱は何箱あったのでしょうか。
わからない数を□としてかけ算の式に表《あらわ》し，答えをもとめましょう。

式 5×□＝35
35÷5＝7 答え 7箱

2 1日に何ページかずつ本を読みます。1週間毎日同じページずつ読むと，63 ページの本を読み終《お》わりました。1日何ページずつ読んだのでしょうか。
わからない数を□としてかけ算の式に表し，答えをもとめましょう。

式 □×7＝63
63÷7＝9 答え 9ページ

3 お花が何本かあります。1つの花びんに4本ずつ分けると，5つの花びんに分けられました。はじめにお花は何本あったのでしょうか。
わからない数を□としてわり算の式に表し，答えをもとめましょう。

式 □÷4＝5
4×5＝20 答え 20本

□を使った式 (4)
いろいろな式に表す

名前

1 100 円はらってノートを買うと，おつりは 12 円でした。ノートは何円ですか。
わからない数を□としてひき算の式に表《あらわ》し，答えをもとめましょう。

式 100−□＝12
100−12＝88 答え 88円

2 1ふくろに，くりが 8 こずつ入っています。何ふくろかあるので，全部《ぜんぶ》でくりは 64 こあります。ふくろは何ふくろありますか。
わからない数を□としてかけ算の式に表し，答えをもとめましょう。

式 8×□＝64
64÷8＝8 答え 8ふくろ

3 あやさんはシールを 38 まいもっています。お姉さんから何まいかもらうと，全部で 53 まいになりました。お姉さんから何まいもらったのですか。
わからない数を□としてたし算の式に表し，答えをもとめましょう。

式 38＋□＝53
53−38＝15 答え 15まい

P.82

かけ算の筆算 2 (1)
2けた×2けた　くり上がりなし・くり上がり1回

名前

① 12 × 42　504
② 23 × 43　989
③ 33 × 32　1056
④ 12 × 24　288
⑤ 19 × 91　1729
⑥ 21 × 84　1764
⑦ 32 × 43　1376
⑧ 42 × 32　1344
⑨ 15 × 50　750
⑩ 20 × 54　1080
⑪ 31 × 63　1953
⑫ 26 × 14　364

かけ算の筆算 2 (2)
2けた×2けた　くり上がりなし・くり上がり1回

名前

① 12 × 34　408
② 12 × 41　492
③ 23 × 23　529
④ 11 × 18　198
⑤ 13 × 70　910
⑥ 18 × 61　1098
⑦ 13 × 32　416
⑧ 10 × 44　440

めいろは，答えの大きい方をとおりましょう。とおった方の答えを下の□に書きましょう。

① 286　② 867　③ 506

82

P.83

かけ算の筆算 2 (3)
2けた×2けた　くり上がり2回以上

名前

① 40 × 53　2120
② 26 × 34　884
③ 81 × 63　5103
④ 22 × 48　1056
⑤ 72 × 50　3600
⑥ 28 × 93　2604
⑦ 64 × 82　5248
⑧ 42 × 74　3108
⑨ 85 × 67　5695
⑩ 57 × 49　2793
⑪ 27 × 86　2322
⑫ 39 × 78　3042

かけ算の筆算 2 (4)
2けた×2けた　くり上がり2回以上

名前

① 40 × 73　2920
② 15 × 62　930
③ 33 × 43　1419
④ 28 × 34　952
⑤ 36 × 83　2988
⑥ 28 × 39　1092
⑦ 32 × 46　1472
⑧ 23 × 64　1472

めいろは，答えの大きい方をとおりましょう。とおった方の答えを下の□に書きましょう。

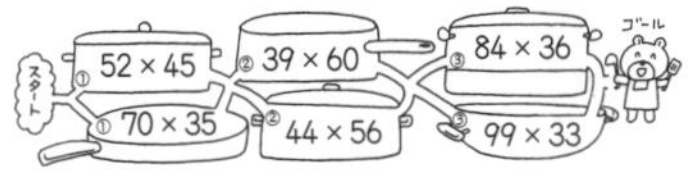

① 2450　② 2464　③ 3267

83

P.84

かけ算の筆算 2 (5)
2けた×2けた　いろいろな型

名前

① 21 × 53　1113
② 35 × 32　1120
③ 14 × 23　322
④ 22 × 14　308
⑤ 62 × 94　5828
⑥ 37 × 82　3034
⑦ 49 × 70　3430
⑧ 55 × 48　2640
⑨ 79 × 58　4582
⑩ 80 × 74　5920
⑪ 28 × 64　1792
⑫ 93 × 84　7812

かけ算の筆算 2 (6)
2けた×2けた　めいろ

名前

● 答えの大きい方へすすみましょう。
とおった方の答えを□に書きましょう。

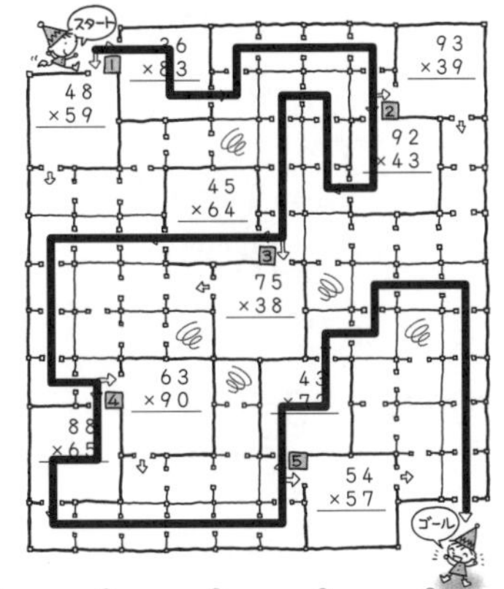

① 2988 ⇨ ② 3956 ⇨ ③ 2880 ⇨ ④ 5720 ⇨ ⑤ 3096

84

P.85

かけ算の筆算 2 (7)
3けた×2けた　くり上がり2回まで

名前

① 322 × 21　6762
② 406 × 11　4466
③ 132 × 23　3036
④ 224 × 20　4480
⑤ 408 × 21　8568
⑥ 634 × 20　12680
⑦ 250 × 40　10000
⑧ 326 × 31　10106
⑨ 416 × 22　9152
⑩ 118 × 36　4248
⑪ 168 × 16　2688
⑫ 306 × 23　7038

かけ算の筆算 2 (8)
3けた×2けた　くり上がり2回まで

名前

① 321 × 24　7704
② 413 × 20　8260
③ 104 × 12　1248
④ 243 × 21　5103
⑤ 284 × 12　3408
⑥ 609 × 23　14007
⑦ 480 × 22　10560
⑧ 383 × 31　11873

めいろは，答えの大きい方をとおりましょう。とおった方の答えを下の□に書きましょう。

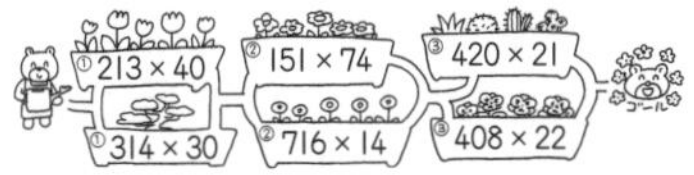

① 9420　② 11174　③ 8976

85

解答

児童に実施させる前に，必ず指導される方が問題を解いてください。本書の解答は，あくまでも１つの例です。指導される方の作られた解答をもとに，本書の解答例を参考に児童の多様な考えに寄り添って○つけをお願いします。

P.86

かけ算の筆算 2 (9)
3けた×2けた　くり上がり３回以上
名前

①	②	③	④
722 × 45	673 × 32	523 × 34	429 × 32
32490	21536	17782	13728

⑤	⑥	⑦	⑧
563 × 43	386 × 29	936 × 24	738 × 62
24209	11194	22464	45756

⑨	⑩	⑪	⑫
608 × 57	746 × 37	347 × 68	484 × 75
34656	27602	23596	36300

86

かけ算の筆算 2 (10)
3けた×2けた　くり上がり３回以上
名前

①573 × 74	②294 × 43	③340 × 73	④409 × 62
42402	12642	24820	25358

⑤637 × 38	⑥509 × 26	⑦453 × 43	⑧366 × 28
24206	13234	19479	10248

めいろは，答えの大きい方をとおりましょう。とおった方の答えを下の□に書きましょう。

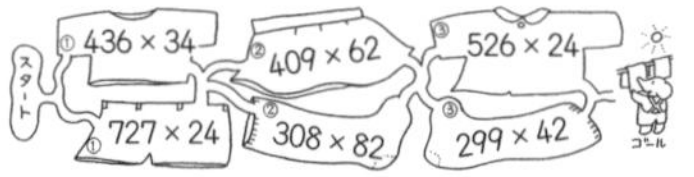

① 17448　② 25358　③ 12624

P.87

かけ算の筆算 2 (11)
3けた×2けた　いろいろな型
名前

①	②	③	④
243 × 32	348 × 27	120 × 42	421 × 36
7776	9396	5040	15156

⑤	⑥	⑦	⑧
629 × 85	344 × 38	549 × 73	483 × 63
53465	13072	40077	30429

⑨	⑩	⑪	⑫
796 × 78	407 × 89	937 × 36	707 × 88
62088	36223	33732	62216

87

かけ算の筆算 2 (12)
3けた×2けた　いろいろな型
名前

① 629 × 30	② 251 × 86	③ 323 × 46	④ 206 × 13
18870	21586	14858	2678

⑤ 428 × 56	⑥ 596 × 34	⑦ 101 × 22	⑧ 440 × 23
23968	20264	2222	10120

めいろは，答えの大きい方をとおりましょう。とおった方の答えを下の□に書きましょう。

① 31537　② 31416　③ 12300

P.88

かけ算の筆算 2 (13)
3けた×2けた　いろいろな型
名前

①	②	③	④
436 × 22	384 × 40	120 × 32	421 × 33
9592	15360	3840	13893

⑤	⑥	⑦	⑧
709 × 48	846 × 29	678 × 94	930 × 57
34032	24534	63732	53010

⑨	⑩	⑪	⑫
288 × 74	206 × 46	649 × 73	245 × 49
21312	9476	47377	12005

⑬	⑭	⑮	⑯
736 × 84	350 × 86	679 × 36	284 × 37
61824	30100	24444	10508

かけ算の筆算 2 (14)
3けた×2けた　めいろ
名前

● 答えの大きい方へすすみましょう。
とおった方の答えを□に書きましょう。

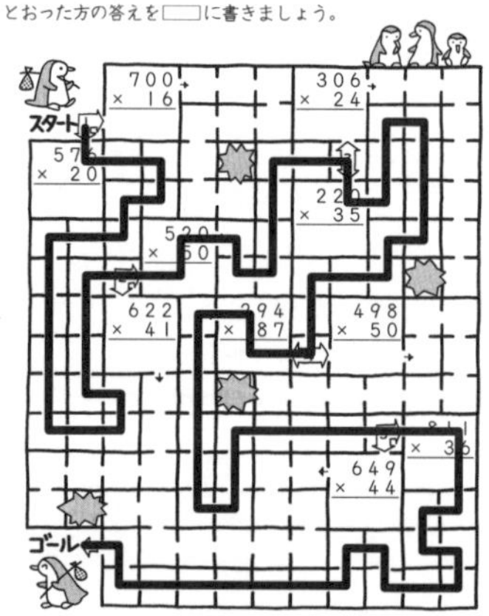

①	②	③	④	⑤
11520	26000	7700	25578	29196

88

P.89

かけ算の筆算 2 (15)
文章題①
名前

[1] 1箱《はこ》580円のえんぴつを，14箱買います。代金は何円でしょうか。

式 580 × 14 = 8120
答え 8120円

[2] 24まい入りの画用紙のふくろが，78ふくろあります。画用紙は全部《ぜんぶ》で何まいあるでしょうか。

式 24 × 78 = 1872
答え 1872まい

[3] 1こ235円のカップケーキを，子ども38人に配《くば》ります。カップケーキの代金は全部でいくらでしょうか。

式 235 × 38 = 8930
答え 8930円

[4] あめを，1ふくろに17こずつ入れます。48ふくろ作るには，あめは全部で何こいるでしょうか。

式 17 × 48 = 816
答え 816こ

89

かけ算の筆算 2 (16)
文章題②
名前

[1] 1ふくろに，米を18kgずつ入れます。27ふくろ入れるには，米は全部《ぜんぶ》で何kgいるでしょうか。

式 18 × 27 = 486
答え 486kg

[2] 230円のバス代を，67人から集《あつ》めます。バス代は，全部で何円になるでしょうか。

式 230 × 67 = 15410
答え 15410円

[3] 1本308円のバラの花を，35本買います。代金は，全部でいくらでしょうか。

式 308 × 35 = 10780
答え 10780円

[4] 長いテープを85cmずつに切ったら，ちょうど26本になりました。長いテープは，はじめ何m何cmありましたか。

式 85 × 26 = 2210
2210cm = 22m10cm
答え 22m10cm

89

P.90

ふりかえりテスト かけ算の筆算 2

名前

1 筆算《ひっさん》になおして計算しましょう。(6×10)

① 18×24　432
② 26×13　338
③ 53×20　1060
④ 63×46　2898
⑤ 28×49　1372
⑥ 62×50　3100
⑦ 120×46　5520
⑧ 115×60　6900
⑨ 607×50　30350
⑩ 254×16　4064

2 えんぴつを15本買います。1本が95円です。代金は全部《ぜんぶ》でいくらですか。(10)

式 95×15
＝1425

答え 1425円

3 動物園《どうぶつえん》で1人380円の入園りょうを26人分はらうと，全部で何円でしょうか。(10)

式 380×26
＝9880

答え 9880円

4 3年1組は27人います。1人に40まいずつおり紙を配《くば》ると，おり紙は全部で何まいいるでしょうか。(10)

式 40×27
＝1080

答え 1080まい

5 おはじきが1000こあります。28人に，35こずつ配ります。おはじきは，何このこるでしょうか。(10)

式 35×28＝980
1000−980＝20

答え 20こ

P.91

かけ算かなわり算かな (1)

名前

1 1こ98円のアイスクリームを，12こ買いました。代金は全部《ぜんぶ》でいくらになるでしょうか。

式 98×12＝1176

答え 1176円

2 クッキーが72まいあります。8人で同じ数ずつ分けると，1人何まいずつになるでしょうか。

式 72÷8＝9

答え 9まい

3 ノートを16さつ買います。1さつが135円です。代金はいくらになるでしょうか。

式 135×16＝2160

答え 2160円

4 1ふくろに63まい入っているおり紙を，9人で同じ数ずつ分けると，1人何まいになるでしょうか。

式 63÷9＝7

答え 7まい

かけ算かなわり算かな (2)

名前

1 56dLのジュースを，同じかさずつ7人で分けます。1人分は何dLでしょうか。

式 56÷7＝8

答え 8dL

2 えんぴつを9本買いました。1本81円でした。全部《ぜんぶ》で何円でしょうか。

式 81×9＝729

答え 729円

3 えみさんの学校の3年生は，4クラスあります。どのクラスも，24人の子どもがいます。3年生は，みんなで何人いるでしょうか。

式 24×4＝96

答え 96人

4 48cmのはり金を，同じ長さで8本に切ります。1本は何cmになるでしょうか。

式 48÷8＝6

答え 6cm

P.92

かけ算かなわり算かな (3)

名前

1 みかんを7人に14こずつ配《くば》ります。みかんは全部《ぜんぶ》で何こいるでしょうか。

式 14×7＝98

答え 98こ

2 さやかさんのクラスは，28人です。社会見学のバス代を，1人275円ずつ集《あつ》めます。バス代は全部で何円でしょうか。

式 275×28＝7700

答え 7700円

3 あめを1人に15こずつ配ると，26人に配ることができました。あめは全部で何こありましたか。

式 15×26＝390

答え 390こ

4 81人の小学生を，同じ人数ずつ9組に分けます。何人ずつ分けるとよいでしょうか。

式 81÷9＝9

答え 9人

かけ算かなわり算かな (4)

名前

1 かけるさんの学校の3年生の人数は64人です。8人ずつのはんを作ると，何はんできるでしょうか。

式 64÷8＝8

答え 8はん

2 1さつ85円のメモちょうを，38さつ買います。代金は全部《ぜんぶ》でいくらになるでしょうか。

式 85×38＝3230

答え 3230円

3 1こ450円のパイナップルを26こ買います。代金は全部でいくらになるでしょうか。

式 450×26＝11700

答え 11700円

4 6まいのおさらに54このくりを同じ数ずつ分けます。くりは，1さら何こずつになりますか。

式 54÷6＝9

答え 9こ

P.93

倍 (1)

名前

1 28cmの白いテープと4cmの赤いテープがあります。白いテープの長さは，赤いテープの長さの何倍《ばい》ですか。

式 28÷4＝7

答え 7倍

2 3cmの青色のテープがあります。黄色のテープは，青色のテープの6倍の長さです。黄色のテープの長さは何cmですか。

式 3×6＝18

答え 18cm

3 水色と茶色のテープがあります。水色のテープの長さは，茶色のテープの長さの3倍で15cmです。茶色のテープの長さは何cmですか。

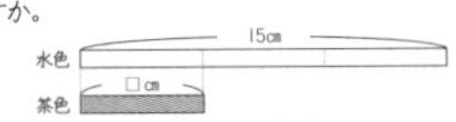

式 15÷3＝5

答え 5cm

倍 (2)

名前

1 1こ9円のガムがあります。チョコレートは，ガムの4倍《ばい》のねだんです。チョコレートのねだんはいくらですか。

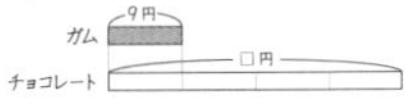

式 9×4＝36

答え 36円

2 おじいさんの年れいは，みなみさんの年れいの6倍で54才です。みなみさんの年れいは何才ですか。

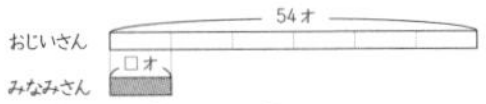

式 54÷6＝9

答え 9才

3 野球《やきゅう》のボールの直径《ちょっけい》は7cmです。バレーボールの直径は野球のボールの直径の3倍の長さです。バレーボールの直径は何cmですか。

式 7×3＝21

答え 21cm

4 みかんとりんごがあります。みかんの数は，りんごの数の4倍で20こあります。りんごは何こありますか。

式 20÷4＝5

答え 5こ

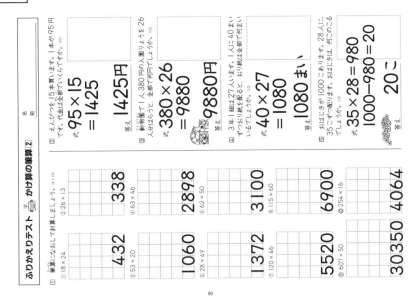

解答

児童に実施させる前に，必ず指導される方が問題を解いてください。本書の解答は，あくまでも１つの例です。指導される方の作られた解答をもとに，本書の解答例を参考に児童の多様な考えに寄り添って○つけをお願いします。

P.94

倍（3）

名前

① 8cm の赤いテープがあります。青いテープは，赤いテープの 4 倍《ばい》の長さです。青いテープの長さは何 cm ですか。

式 8×4＝32

答え 32cm

② 花だんに 28 本の赤い花と 7 本の白い花がさいています。赤い花の本数は，白い花の本数の何倍ですか。

式 28÷7＝4

答え 4 倍

③ ゼリーとヨーグルトがあります。ゼリーの数は，ヨーグルトの数の 5 倍で 25 こです。ヨーグルトは何こありますか。

式 25÷5＝5

答え 5 こ

④ かいとさんは，弟の 3 倍のカードをもっているそうです。かいとさんのカードの数は 24 まいです。弟はカードを何まいもっていますか。

式 24÷3＝8

答え 8 まい

倍（4）

名前

① 白色のボールが 6 こあります。黄色のボールの数は，白色のボールの数の 3 倍《ばい》です。黄色のボールは何こありますか。

式 6×3＝18

答え 18 こ

② 赤い色紙と青い色紙があります。赤い色紙は，青い色紙の 4 倍で 32 まいです。青い色紙は何まいありますか。

式 32÷4＝8

答え 8 まい

③ 30dL のお茶と 6dL のジュースがあります。お茶のかさは，ジュースのかさの何倍ですか。

式 30÷6＝5

答え 5 倍

④ れんさんの生まれたときの体重《たいじゅう》は 3kg です。今の体重は生まれたときの体重の 9 倍です。今の体重は何 kg ですか。

式 3×9＝27

答え 27kg

94

P.95

三角形（1）

名前

① （　）にあてはまることばを書きましょう。

① 3 本の直線でかこまれた形を（ 三角形 ）といいます。

② 直角のかどのある三角形を（直角三角形）といいます。

② 2 つの辺の長さが等しい三角形を 二等辺三角形 といいます。

② 下の図で，直角三角形と二等辺三角形をみつけ，（　）に記号を書きましょう。

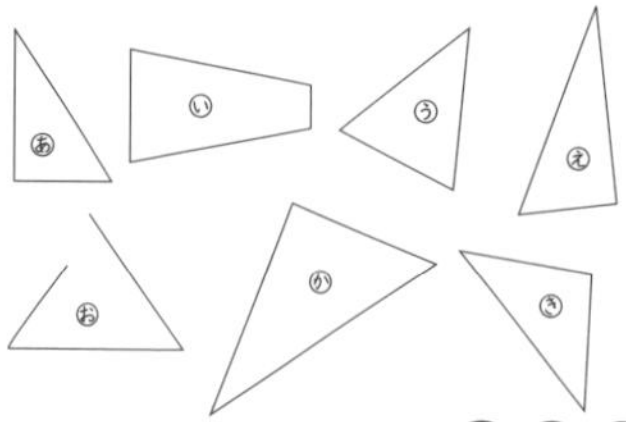

直角三角形（ あ え か ）

二等辺三角形（ う き ）

三角形（2）

名前

① （　）の中にあてはまることばを書きましょう。

3 つの辺の長さが等しい三角形を（ 正三角形 ）といいます。

② 下の図の中で，二等辺三角形と正三角形をみつけましょう。

二等辺三角形（ い か こ ）

正三角形（ あ え く ）

95

P.96

三角形（3）

名前

● コンパスを使《つか》ってかきましょう。

① 辺の長さが 3cm，4cm，4cm の二等辺三角形

略

3cm

② 辺の長さが 4cm，5cm，5cm の二等辺三角形

略

4cm

③ 辺の長さが 3cm，5cm，5cm の二等辺三角形

略

④ 辺の長さが 6cm，4cm，4cm の二等辺三角形

略

三角形（4）

名前

● コンパスを使《つか》ってかきましょう。

① 辺の長さが 4cm の正三角形

略

4cm

② 辺の長さが 5cm の正三角形

略

5cm

③ 辺の長さが 3cm の正三角形

略

3cm

④ 辺の長さが 6cm の正三角形

略

6cm

96

P.97

三角形（5）

名前

① 次《つぎ》の にあてはまることばを，　からえらんで書きましょう。
（同じことばを 2 回使《つか》ってもよい）

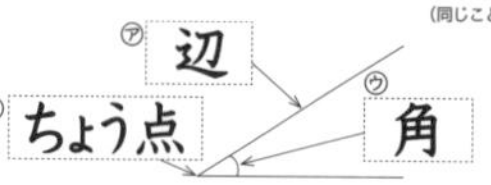

① 上の図のように，1 つの点から出ている 2 本の直線が作る形を 角 といいます。

② 角を作っている辺の開《ひら》きぐあいを 角の大きさ といいます。

③ 二等辺三角形の 2 つの角の大きさは 同じ です。

④ 正三角形の 3つの角 の大きさは同じです。

辺・角・ちょう点・同じ・3 つの角・角の大きさ

② 下の三角形の名前を（　）に書きましょう。

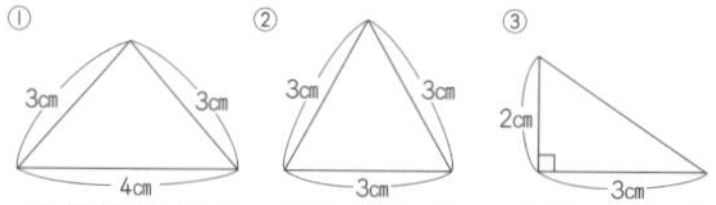

（二等辺三角形）（正三角形）（直角三角形）

三角形（6）

名前

① 次《つぎ》の円を使って，二等辺三角形と，正三角形をかきましょう。

① 二等辺三角形　② 正三角形

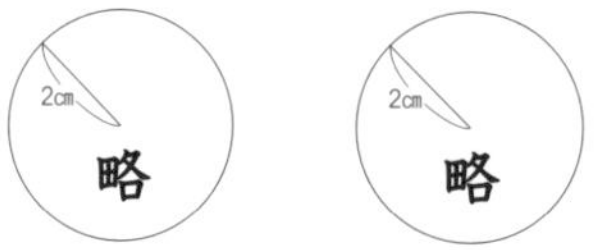

② 下の三角形の図は，半径《けい》 2cm の円を 3 つかいて作ったものです。右に同じようにして，三角形の図をかきましょう。

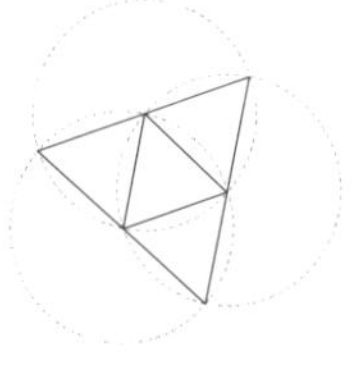

略

97

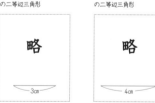

P.98

ふりかえりテスト 三角形

名前

1 次《つぎ》の①～⑤の□にあてはまることばを，□からえらんで書きましょう。(4×5)
(同じことばを２回使《つか》ってもよい)

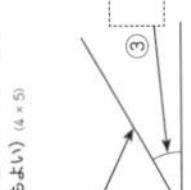

① 辺
② ちょう点
③ 角

・１つの点から出ている２本の直線が作る形を④ 角 といい，２本の直線の開《ひら》きぐあいを⑤ 角の大きさ という。

角・角の大きさ・辺・ちょう点

2 次の三角形は何という三角形でしょうか。(4×4)
① ３つの角の大きさがみんな同じ三角形
（正三角形）
② ２つの角の大きさが同じ三角形
（二等辺三角形）
③ ３つの辺《へん》の長さがみんな同じ三角形
（正三角形）
④ ２つの辺の長さが同じ三角形
（二等辺三角形）

3 下の図の中で，二等辺三角形と正三角形を見つけましょう。(7×2)

二等辺三角形（う き け）
正三角形（い お く）

4 コンパスを使ってかきましょう。(10×4)
① 辺の長さが4cm，3cm，3cmの二等辺三角形
略
② 辺の長さが5cmの正三角形
略
③ 辺の長さが3cm，4cm，4cmの二等辺三角形
略
④ 辺の長さが6cmの正三角形
略

5 円を使って二等辺三角形のつづきをかきましょう。(10)

98

P.99

ぼうグラフと表（1）

名前

● クラスですきなスポーツを調《しら》べました。

① 「正」の字を書いて，スポーツごとに，すきな人数を調べましょう。

すきなスポーツ調べ

スポーツ	すきな人数（人）	
ドッジボール	下	4
バドミントン	下	4
サッカー	正丅	7
野球《やきゅう》	下	3
水えい	正	5
その他	丅	2

② いちばんすきな人数が多いスポーツは，何でしょうか。（サッカー）

③ スポーツごとに，すきな人数をぼうの長さで表《あらわ》しましょう。

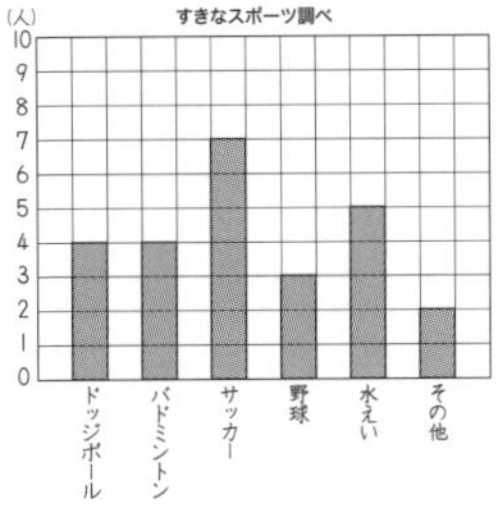

④ ③のグラフを人数の多いじゅんにならびかえましょう。

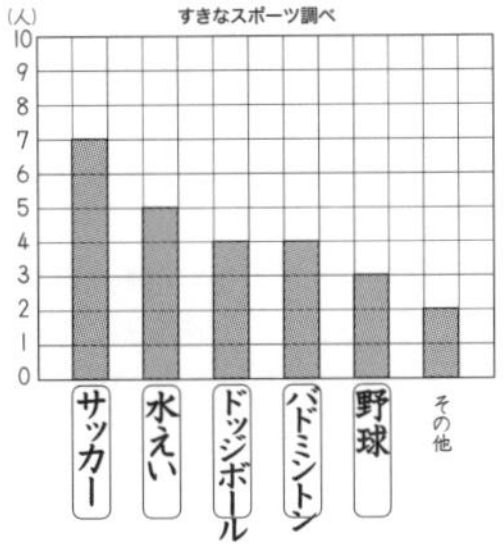

99

P.100

ぼうグラフと表（2）

名前

ぼうグラフは，ふつうぼうの長さのじゅんにかきます。
「その他《た》」はさいごにかきます。

● 「すきなこん虫調《しら》べ」をしました。

① ぼうグラフに表《あらわ》しましょう。また，□にあてはまることばや数を書きましょう。

すきなこん虫調べ

こん虫の名前	人数（人）
かまきり	3
せ　み	7
ちょうちょ	10
かぶと虫	16
くわがた虫	9
その他	5
合計	50

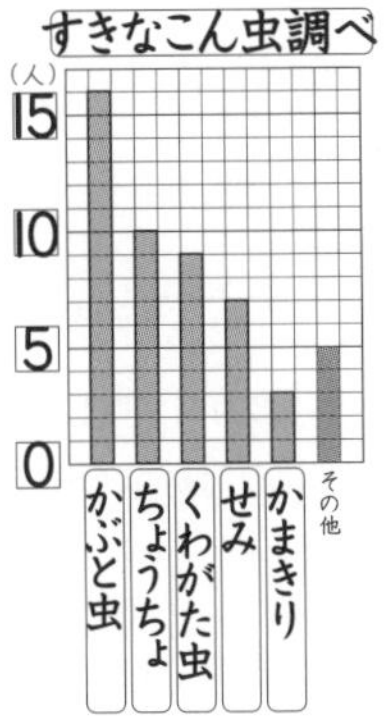

② ２ばん目にすきな人数が多いこん虫は何ですか。また，何人ですか。

こん虫（ちょうちょ）

人数（ 10 ）人

ぼうグラフと表（3）

名前

曜日などのように，じゅん番のあるものは，
じゅん番のとおりに表《あらわ》すことがあります。

● 下のぼうグラフは，小学校で１週間に休んだ人の数を調《しら》べたものです。

① グラフの１めもりは，何人を表していますか。
（ 2 ）人

② 月曜日に休んだ人は何人ですか。
（ 24 ）人

③ 学校を休んだ人がいちばん多いのは何曜日ですか。
（ 金曜日 ）

④ 学校を休んだ人がいちばん少ないのは何曜日ですか。
（ 火曜日 ）

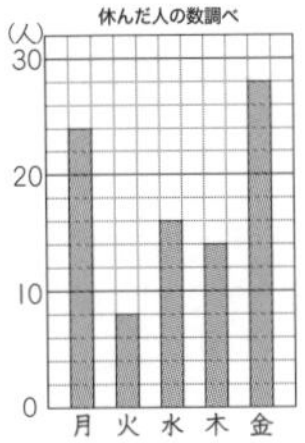

⑤ グラフの人数を右の表《ひょう》にまとめましょう。

休んだ人の数調べ

月	24	人
火	8	人
水	16	人
木	14	人
金	28	人
合計	90	人

100

P.101

ぼうグラフと表（4）

名前

● ３年生が，９月・10月・11月にけがをした人数を調《しら》べました。

けがをした人数９月

しゅるい	人数（人）
すりきず	7
うちみ	2
切りきず	5
合計	（14）

けがをした人数10月

しゅるい	人数（人）
すりきず	5
うちみ	4
切りきず	7
合計	（16）

けがをした人数11月

しゅるい	人数（人）
すりきず	9
うちみ	3
切りきず	6
合計	（18）

① 上の表《ひょう》で，合計の数を書きましょう。

② それぞれの月ごとに表《あらわ》した３つの表を，１つの表にせいりしましょう。

9・10・11月のけがをした人数

しゅるい ＼ 月	9月	10月	11月	合計（人）
すりきず	あ（ 7 ）	（ 5 ）	（ 9 ）	（ 21 ）
うちみ	（ 2 ）	い（ 4 ）	（ 3 ）	（ 9 ）
切りきず	（ 5 ）	（ 7 ）	（ 6 ）	う（ 18 ）
合計（人）	（ 14 ）	（ 16 ）	（ 18 ）	（ 48 ）

③ 上の表のあいうは，何を表す数でしょうか。
あ（ 9 ）月の（ すりきず ）のけがをした人数
い（ 10 ）月の（ うちみ ）のけがをした人数
う 9・10・11月に（ 切りきず ）のけがをした人数の合計

④ すりきず・うちみ・切りきずの合計の中で，いちばん人数が多いのは何でしょうか。
（ すりきず ）

⑤ けがをした人数が，いちばん多い月は何月でしょうか。
（ 11月 ）

⑥ 9・10・11月のけがをした人数の表から，けがをしたしゅるいごとに，けがの多いじゅんにぼうグラフにまとめましょう。□に数やことばを書きましょう。

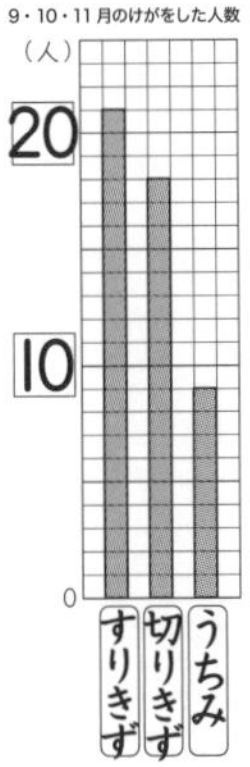

⑦ 9・10・11月でけがをした人数は，全部《ぜんぶ》で何人でしょうか。
（ 48 ）人

⑧ うちみのけがをした人数の２倍の人数になっているのは何のけがでしょうか。
（ 切りきず ）

101

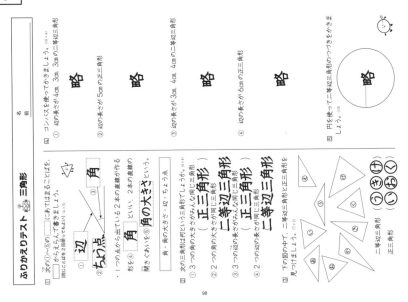

児童に実施させる前に，必ず指導される方が問題を解いてください。本書の解答は，あくまでも１つの例です。指導される方の作られた解答をもとに，本書の解答例を参考に児童の多様な考えに寄り添って○つけをお願いします。

P.102

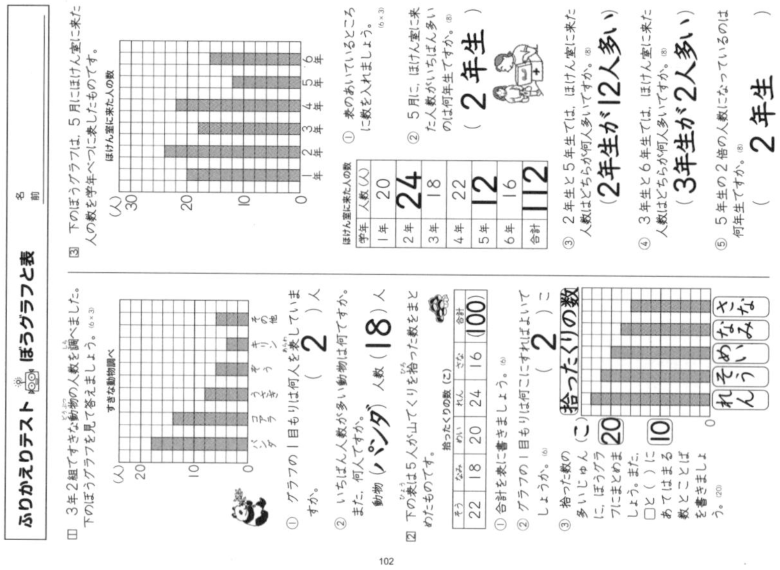

ふりかえりテスト ぼうグラフと表

名前

1 3年2組ですきな動物の人数を調べました。下のぼうグラフを見て答えましょう。

① グラフの１目もりは何人を表していますか。 （ 2 ）人

② いちばん人数が多い動物は何ですか。また，何人ですか。 動物（パンダ） 人数（18）人

2 下の表は５人が山でくりを拾った数をまとめたものです。

拾ったくりの数（こ）

そう	なみ	めい	れん	さな	合計
22	18	20	24	16	100

① 合計を表に書きましょう。

② グラフの１目もりは何こにすればよいでしょうか。 （ 2 ）こ

③ 拾った数の多いじゅんに，ぼうグラフにまとめましょう。また，□と（ ）にあてはまる数とことばを書きましょう。

拾ったくりの数 （こ） 20 10 0 れん そう めい なみ さな

3 下のぼうグラフは，５月にほけん室に来た人の数を学年べつに表したものです。

① 表のあいているところに数を入れましょう。

ほけん室に来た人の数

学年	人数（人）
1年	20
2年	24
3年	18
4年	22
5年	12
6年	16
合計	112

② ５月に，ほけん室に来た人数がいちばん多いのは何年生ですか。 （ 2年生 ）

③ 2年生と5年生では，ほけん室に来た人数はどちらが何人多いですか。 （ 2年生が12人多い ）

④ 3年生と6年生では，ほけん室に来た人数はどちらが何人多いですか。 （ 3年生が2人多い ）

⑤ 5年生の2倍の人数になっているのは何年生ですか。 （ 2年生 ）

102

新版　教科書がっちり算数プリント
完全マスター編　3年　ふりかえりテスト付き
力がつくまでくりかえし練習できる

2020年9月1日　第1刷発行
2022年1月10日　第2刷発行

企画・編著：原田 善造・あおい えむ・今井 はじめ・さくら りこ
中田 こういち・なむら じゅん・ほしの ひかり・堀越 じゅん
みやま りょう（他4名）
イラスト：山口 亜耶　他

発行者：岸本 なおこ
発行所：喜楽研（わかる喜び学ぶ楽しさを創造する教育研究所）
〒604-0827　京都府京都市中京区高倉通二条下ル瓦町 543-1
TEL　075-213-7701　FAX　075-213-7706
HP　https://www.kirakuken.co.jp
印刷：株式会社イチダ写真製版

ISBN:978-4-86277-311-1

Printed in Japan